高等学校智能建造专业系列教材

建筑机器人

李政道　薛　帆　主　编
陈　哲　梁家鸣　曾　佳　副主编
陈湘生　陈飞勇　于德湖　主　审

中国建筑工业出版社

图书在版编目（CIP）数据

建筑机器人 / 李政道，薛帆主编；陈哲，梁家鸣，
曾佳副主编. -- 北京：中国建筑工业出版社，2025. 3.
（高等学校智能建造专业系列教材）. -- ISBN 978-7-112-
31050-0

Ⅰ. TP242.3

中国国家版本馆 CIP 数据核字第 2025VC7578 号

本教材以建筑业的发展现状描述开篇，详细介绍了建筑业实现高效率建造的辅助高新技术，描述了工业 4.0 背景下的建筑产业升级，并针对建筑工业化和建筑机器人进行深入、全面地介绍和总结。教材共分 10 章，包括导论、建筑机器人概述、建筑机器人的组成、分类及用途、建筑机器人的控制技术、建筑机器人的构造与设计、建筑机器人的应用案例、建筑机器人的优先发展方向和关键挑战、建筑机器人的产业化发展和应用、建筑机器人的特点和影响、建筑机器人发展的对策保障。

本教材适合作为高等学校智能建造、装配式建筑相关专业的教学用书，也可作为建筑领域相关专业人士的参考用书。

为更好地支持相应课程的教学，我们向采用本书作为教材的教师提供教学课件，有需要者可与出版社联系，邮箱：jckj@cabp.com.cn，电话：（010）58337285，建工书院 https://edu.cabplink.com（PC 端）。

责任编辑：牟琳琳　张　晶
责任校对：李美娜

高等学校智能建造专业系列教材
建筑机器人
李政道　薛　帆　主　编
陈　哲　梁家鸣　曾　佳　副主编
陈湘生　陈飞勇　于德湖　主　审

*

中国建筑工业出版社出版、发行（北京海淀三里河路 9 号）
各地新华书店、建筑书店经销
北京龙达新润科技有限公司制版
北京君升印刷有限公司印刷

*

开本：787 毫米×1092 毫米　1/16　印张：10　字数：245 千字
2025 年 8 月第一版　　2025 年 8 月第一次印刷
定价：**38.00** 元（赠教师课件）
ISBN 978-7-112-31050-0
（44759）

前　言

当前，全球建筑业正经历百年未有之产业变革。根据住房和城乡建设部 2024 年统计数据，我国建筑业从业人员平均年龄达 43.6 岁，关键岗位技能人才缺口超过 400 万人，与此同时，传统施工模式下事故死亡率仍高于制造业 3.2 倍，建筑全过程碳排放占社会总量比例高达 51%。面对这一严峻形势，建筑业转型升级已成必然选择。目前，我国劳动生产率亟需提升，成本效益矛盾日益尖锐；同时，数字化转型进程亦显滞后，与国际先进水平差距显著。更为紧迫的是，超高层建筑、深海地下空间等新型工程对施工精度要求日益提升，传统工艺已难以应对技术代际跨越的挑战。

在国家战略层面，智能建造正加速成为破局关键。自 2020 年住房和城乡建设部等 13 部门联合出台《关于推动智能建造与建筑工业化协同发展的指导意见》以来，政策体系持续完善：2021 年《"十四五"建筑业发展规划》首次将智能建造列为重点工程，2023 年国家设立专项基金，重点支持集成电路、人工智能等关键技术研发，资金规模超百亿元，2024 年工业和信息化部办公厅启动"百城千园行"工程，在 30 个重点城市开展建筑机器人规模化应用试点。同时，相关的标准化建设也在同步推进，《工业机器人行业规范条件（2024 版）》等有关机器人规范管理的标准正逐步实施，多家先锋企业通过智能建造资质认证，政策红利持续释放。

在新一轮智能化产业变革中，建筑机器人展现出了强大的动能助力。国际研究机构 MarketsandMarkets 在 2022 年发布的报告预测，全球建筑机器人市场规模将在 2025 年达到约 76 亿美元，我国高工机器人产业研究所（GGII）在 2023 年发布的《中国建筑机器人产业发展蓝皮书》中提到，中国建筑机器人市场增速显著，预计到 2025 年将占据全球市场的 30%～35%。其中，高精度激光 SLAM（即时定位与地图构建）导航、高负载协作机械臂、多平台群体施工系统等核心技术，为高效率混凝土整平机器人、高精度瓷砖铺贴机器人、多功能管道探伤机器人等多方面建筑机器人的应用带来了全新发展机遇，也正在不断重塑智能化的施工范式。但挑战与机遇同存，当前我国建筑机器人设备渗透率还处于较低水平，智能传感元件国产化率不高，人机协作及安全控制等核心技术仍需进一步突破。

本教材立足于多年智能建造专业的教学与实践，针对土木类、建筑类本科生及研究生教学需求，系统构建了建筑机器人知识体系与发展应用。全书采用"理论奠基—技术解析—应用实践"的三维框架，全书深度剖析了建筑机器人的核心理论和技术应用，突显其在实际建筑应用中的广泛需求，为建筑行业从业者和研究者提供了建筑机器人系统性、归纳性的应用阐述。本教材旨在推动建筑机器人领域逐渐由概念实验向规模应用迈进，为智能化的建筑业转型升级提供支撑。

本教材由李政道和薛帆主编，陈哲、梁家鸣和曾佳副主编，陈湘生、陈飞勇和于德湖主审。在本教材的撰写过程中，作者特别感谢王琼、冯勇、黎子明、甘显清、王宏涛、向中儒、陈永忠、李世钟、朱福建、郝晓冬、严计升、朱俊乐等行业专家在项目实践及应用过程中提供的大力支持。特别感谢刘贵文、沈岐平、洪竞科、谭颖思（Vivian W. Y. Tam）、黎科（Nguyen Khoa Le）、郑展鹏、李骁、彭喆、袁奕萱、王昊、郭珊、梁昕、刘景矿、卢晨、滕越、罗丽姿、于涛、林雪等专家学者提供的专业技术咨询及指导建议。此外，感谢余青倚、邓义椝、刘心雨、高天亮、刘俊麟几位硕士研究生参与了本书资料收集整理、校对等基础工作，为本教材的出版作出了重要贡献。

本教材由国家自然科学基金项目（52078302）、广东省自然科学基金项目（2024B1515020009）、广东省教育厅高校科研项目（2024ZDZX1012）、山东省泰山青年学者及配套启动项目（tsqn202306238 与 X24100）、深圳市科技创新委员会项目（SG-DX2020110309360000 与 JCYJ20220818102211024）资助出版。另外，本教材还借鉴和参考了部分国内外专家学者的研究成果，此处未能一一列举说明，谨在此一并表示衷心感谢。

由于作者水平有限，加之我国建筑机器人目前发展迅速，相关理论和实践也日新月异，书中难免存在不足，敬请读者批评指正。

李政道
2025 年于荔园

目 录

第1章 导论   **1**

  1.1 建筑业发展概述 ·············· 1

  1.2 建筑业先进技术 ·············· 4

  1.3 工业4.0背景下的建筑产业升级 ·············· 8

  1.4 建筑工业化与建筑机器人建造 ·············· 10

第2章 建筑机器人概述   **15**

  2.1 建筑机器人的概念 ·············· 15

  2.2 建筑机器人技术的发展历程 ·············· 18

  2.3 建筑机器人的优势和潜能 ·············· 23

  2.4 机器人在建筑领域中的重要性 ·············· 25

第3章 建筑机器人的组成、分类及用途   **27**

  3.1 建筑机器人的组成 ·············· 27

  3.2 建筑机器人的分类 ·············· 34

  3.3 建筑机器人的用途 ·············· 36

第4章 建筑机器人的控制技术   **44**

  4.1 建筑机器人控制 ·············· 44

  4.2 建筑机器人的感知技术 ·············· 46

  4.3 建筑机器人运动控制技术 ·············· 48

  4.4 建筑机器人的定位系统 ·············· 55

  4.5 建筑机器人的控制系统集成 ·············· 60

第5章 建筑机器人的构造与设计   **64**

  5.1 机器人的结构和组件 ·············· 64

  5.2 建筑机器人的调度系统 ·············· 79

  5.3 建筑机器人安全性设计 ·············· 83

  5.4 建筑机器人可靠性设计 ·············· 87

第 6 章　建筑机器人的应用案例　　94

6.1　建筑结构组装和装配的应用案例 ·············· 94

6.2　建筑装饰工程的应用案例 ·················· 100

6.3　拆除和清理的应用案例 ···················· 104

6.4　维护和修复的应用案例 ···················· 107

第 7 章　建筑机器人的优先发展方向和关键挑战　　111

7.1　建筑机器人的智能化发展 ·················· 111

7.2　建筑机器人的灵活化发展 ·················· 115

7.3　建筑机器人的可持续化发展 ················ 120

7.4　关键挑战及分析 ························· 124

第 8 章　建筑机器人的产业化发展和应用　　128

8.1　建筑机器人产业发展契机 ·················· 128

8.2　建筑机器人产业化模式 ···················· 129

8.3　建筑机器人与其他机器人的协作 ············ 131

8.4　建筑机器人和人类的协作 ·················· 132

8.5　建筑机器人行业发展趋势 ·················· 134

第 9 章　建筑机器人的特点和影响　　137

9.1　建筑机器人的优势 ······················· 137

9.2　建筑机器人的不足 ······················· 138

9.3　建筑机器人的应用前景和社会影响 ·········· 139

第 10 章　建筑机器人发展的对策保障　　142

10.1　政府层面的政策保障 ···················· 142

10.2　行业层面的政策保障 ···················· 143

10.3　组织层面的对策保障 ···················· 144

参考文献　　146

第1章 导论

本章要点及学习目标

1. 了解建筑产业的更新升级历程和目前的建造方式。
2. 理解何为建筑工业化。
3. 明晰建筑工业化建造的理念和特点。
4. 阐述建筑机器人在建筑全生命周期中的应用。

1.1 建筑业发展概述

1.1.1 建筑业发展困境

建筑业是大部分国家的支柱产业之一，对促进国家经济发展和人民就业起着非常重要的作用。近年来，全球建筑市场规模不断扩大、需求持续增加。根据世界经济论坛 2023 年的数据显示，全球建筑业对 GDP 的贡献率提升至 6.8%，直接就业约 1.2 亿人员。根据麦肯锡预测，2025 年全球建筑业总产值预计将突破 17 万亿美元，较疫情前预测上调 13%。作为我国国民经济重要支柱，截至 2024 年底，建筑业总产值为 31.7 万亿元人民币，占 GDP 比重维持在 7.2% 左右，累计吸纳就业人员达 5820 万人，占全国就业人口比重的 7.5%。当前行业发展面临产能结构性过剩、数字化渗透率不足 18%、建筑垃圾资源化利用率低于 20% 等关键挑战，转型压力持续增大。

建筑业的劳动生产率长期以来较为滞后。在过去的 20 年里，全球建筑业的劳动生产率每年仅增长 1%，远远低于制造业（3.6%）和整体经济（2.8%）的增速。造成这一现象的关键原因在于，建筑业一直采用粗放型的发展模式，过于依赖资源投入和大规模投资来推动发展，同时在很大程度上仍然依赖人工作业，与先进制造技术和信息技术的融合程度相对较低。

我国许多建筑业相关技术仍然落后，造成了严重的资源浪费。我国建筑业的产值利润率（利润总额与总产值之比）在过去十年中一直在 3.50% 左右，这与落后的施工技术和方式有关。目前我国建筑业的工业化程度较低，建筑施工过程中诸多工法、过程、工艺等，都极度依赖于建筑工人的现场施工作业，受人为因素和环境影响较大，这是造成我国建筑业质量低下、利润不高等不利局面的重要因素。现在的建筑施工过程中，虽然有大量机械设备参与，但更多的工序还是依赖于手工作业，不符合可持续发展的理念。

根据 2024 年中国建设行业人力资源蓝皮书数据显示，我国建筑业劳动力老龄化趋势持续加剧，农民工群体平均年龄已攀升至 42.2 岁，较 2019 年增长 1.4 岁。行业监测显示，40 岁及以下从业者占比进一步缩减至 43.7%，较 2019 年下降 6.9%，而 50 岁以上人员比重突破 28% 大关，较五年前增长 3.4%。尤为严峻的是，焊工、装配式建筑施工等关键技术岗位缺口达 370 万人，行业技能人才储备仅能满足 62% 的市场需求。为应对结构性用工矛盾，头部企业已启动"银龄工匠"延聘计划，同时行业智能建造设备渗透率提升至 19.3%，但传统劳务分包模式下仍有 64% 的中小企业面临"招工难、留工难"的双重困境。

建筑业工人的安全与健康也一直是个重要问题。2008～2020 年，我国平均每年发生超过 622 起房屋市政工程生产安全事故。全球统计数据表明，建筑行业的平均伤亡率是其他行业的 2～3 倍。2018 年，我国应急管理部指出，自 2009 年起，我国建筑业事故起数一直超过煤矿业，连续 9 年成为工矿商贸事故最多的行业。建筑施工人员面临的工作环境较恶劣，扬尘、噪声等因素可能对身心健康造成较大影响。施工现场的大量工人和不完善的管理制度也导致了众多安全隐患，这直接影响了建筑业的健康可持续发展。

总体来说，我国建筑业市场仍然具有庞大的经济规模，在国家经济和民生中占据着重要地位。然而由于我国人口年龄结构造成的劳动力紧缺，以及传统人工建造方式存在的安全风险，已经成为制约我国建筑行业发展的瓶颈。面对这些困境，依赖传统的建筑方式已无法满足未来建筑行业对于更高生产效率、质量、安全性和可持续性的多方面需求。因此，当前建筑业迫切需要通过科技创新推动转型升级，提升工业化和信息化水平，开创一条内涵集约化的高质量发展新路径。其中，建筑自动化机器人是一个重要的发展方向。

1.1.2　自动化与机器人技术为建筑业发展带来机遇

在 20 世纪 70 年代，日本率先将自动化与机器人技术引入建筑领域。此后，全球对建筑自动化与机器人的研究不断取得进展。1985 年，Warszawski 等学者详细论述了工业机器人的主要特征及其应用特性，强调了其在建筑领域的潜在应用。学者将建筑活动划分为几个基本组件，明确了机器人所需的性能要求，然后分析了施工过程和建筑部件的适应性，以有效地利用这些机器人。同时，还探讨了施工过程中机器人化面临的一些独特问题。我国的建筑机器人研究始于 20 世纪 90 年代，"八五"计划期间。尽管相较于美国和日本等世界主要机器人大国，我国的机器人研究起步较晚，但在逐步迎头赶上的过程中取得了显著进展。在国家"十五"863 计划中，国防科技大学、哈尔滨工业大学、清华大学、中国科技大学、中科院自动化研究所、沈阳自动化研究所等展开了一系列有关建筑机器人方面的研究。1994 年，刘海波等学者详细探讨了建筑机器人的关键技术、使用类别、应用环境及各国研究使用现状，同时预测了建筑机器人的发展趋势和巨大潜力，为我国建筑机器人的发展提供了重要参考。

近年来，国际上兴起了"建筑机器人"研究的高潮，涌现出一系列应用于砌墙、瓷砖铺设、钻孔、线材编织、清拆等领域的机器人，这表明基于机器人技术的智能建造已成为时代潮流。根据国际机器人联合会（International Federation of Robotics，IFR）发布的《世界机器人报告 2022》，2021 年全球制造业新增了约 52 万台工业机器人，同比增长

31%，较 2018 年增加了 22%。同时，全球运行中的机器人存量约为 350 万台，亦创下了新的纪录。目前已研发很多成熟的机器人技术，这些技术成熟落地可以使机器人在建筑业中拥有广阔的应用前景。

同时，我国政府近年来也颁布了许多鼓励自动化与机器人技术发展的政策。2006 年，在国务院发布的《国家中长期科学和技术发展规划纲要（2006—2020 年）》中，智能机器人被列入前沿技术中的先进制造技术；2016 年，在《"十三五"国家科技创新规划》中，"自动化""机器人"等关键词频繁出现，成为科技创新的重点方向；2020 年 7 月，住房和城乡建设部等 13 部门印发了《关于推动智能建造与建筑工业化协同发展的指导意见》，推广建筑机器人的应用被列为加强技术创新、提升信息化水平的重要任务；2020 年 8 月，住房和城乡建设部等九部门印发了《关于加快新型建筑工业化发展的若干意见》，提出鼓励应用建筑机器人、加强建筑机器人等智能建造技术产品研发；2021 年 12 月，工业和信息化部等八部门印发了《"十四五"智能制造发展规划》（工信部联规〔2021〕207 号），其中，关键词"机器人"多次出现，多种机器人被列为需要大力发展的重要智能制造装备之一。在实际需求的牵引和国家政策的推动下，国内的自动化与机器人创业公司大量出现，各类机器人硬件的成本大幅下降，为自动化与机器人的发展提供了有效的支持，也为建筑业的发展带来了新的机遇。

1.1.3 机器人在建筑业的发展空间

从 20 世纪后半叶开始，建筑自动化与机器人领域已经历 50 多年的发展，积累了丰富的研究成果，并逐渐成为公认的最有望改变传统建造模式、解决建筑领域当前挑战的技术之一。特别是近年来，许多相关支持技术不断涌现和发展，如传感、定位、导航、物联网、建筑信息模型等，为建筑自动化与机器人的进一步发展提供了更多可能性。毋庸置疑，机器人在建筑业的发展空间是巨大的。例如，在建造和运维阶段，自动化与机器人技术能够以更安全、更高效、更准确的方式协助或替代工人执行危险且单调的施工任务，从而提高生产效率并应对劳动力短缺的问题。同时，这些技术还具备节约工期、减少废弃物、提升质量、保障安全等多重作用。在建筑的改造和拆除阶段，采用自动化与机器人技术能使拆除过程更可控，并能更好地实现资源回收、减少污染。在建筑施工场地三维环境感知方面，机器人和无人机（UAV）、自主移动无人车辆（UGV）与激光雷达、摄像头、3D 扫描仪等感知环境设备可以配合使用，首先对机器人预先设定好与周围物体的安全距离，然后通过感知设备的传感器不断识别周围环境，测量并计算与周围物体的距离，一旦感应器探测到机器人与周围物体之间小于安全距离，机器人将重新计算行走路径。但是在现实中，机器人运用于建筑领域的程度是远远不够的，相关的理论研究与实际结合不紧密，导致机器人在施工现场的使用率并不高。目前许多的研究还停留于概念设计阶段，且由于工程施工的复杂性和多样性，建筑机器人并不能像制造业那样进行统一规格的批量化、标准化生产，导致初始成本大大增加。尽管如此，无论是理论研究还是实际应用方面，机器人在建筑业中的发展空间都是巨大的，需要根据实际工程需求和现有技术，同时考虑各参与方的特点，让建筑机器人领域研究实现质的飞跃。

1.2　建筑业先进技术

1.2.1　BIM 和智能建造

BIM 有三重含义，包括建筑信息模型（Building Information Model）、建筑信息建模（Building Information Modeling）和建筑信息管理（Building Information Management）。其中，第一个关注模型，第二个是最核心含义，包含数字化全过程和各参与方，第三个侧重管理应用。BIM 技术是通过数字化建模、整合设计信息，提升设计、施工和运营阶段的协同效率。例如，在一个住宅项目中，BIM 可以三维模型为核心，实现项目信息的集成和可视化，为各参与方提供全面的决策支持，从而提高建筑项目的质量、效率和可持续性；也可以利用数字技术，在计算机上创建一个虚拟的建筑物，用来展示特定的建筑工程施工理念、功能以及物理信息等，并且将相关数据共享在整个建筑生命周期中。这里的"信息"指的不仅包括表面几何形态，还涵盖材料的防火性能、传热系数、部件的成本、采购情况等。它的实质就是以建筑物的直观实体建立起来的数据库，将各个阶段的数据信息都记录在里面。BIM 应用的精髓在于这些数据能贯穿项目的整个生命周期，从设计、施工到运营协调，对项目的建造及后期的运营管理持续发挥作用。它具有可视化、协调性、模拟仿真性、优化性和可出图性五大特点。

1. 可视化

BIM 中的可视化是"所见即所得"，即让非专业人员容易看明白，易于准确理解和系统性地接受。对于专业人士来说，可视化运用在建筑业的效用非常大。例如，一般的施工图纸只是简单描述各个构件的信息，再辅以线条绘制进行表达，如果采用传统的 CAD，以点线面进行二维建模，那么实际的结构形式则需要从业人员自行想象。如果是普通的建筑还好，但这些年来，各种各样新式的建筑层出不穷，光靠想象难以解决实际问题。而BIM 提供了可视化的思路，将以往线条式的构件，形成一种以面向对象的三维立体实物图形展示在人们的面前，大大节约了时间成本，也更容易被从业人员接受，并且在三维模型中，建筑构件的几何和非几何信息都能够清晰地展现出来。

2. 协调性

协调性是建筑业中的重点内容，无论是哪类参建实体企业，都避免不了相互配合和相互协调的工作。一旦在项目的实施过程中遇到了问题，就需要组织相关人员召开协调会议，讨论施工出现的问题和相应的解决方法，如有在设计中需要做变更的要立刻出具多方同意的解决措施来解决问题。在设计时，不同学科的设计人员缺乏有效的交流，往往会出现各种专业之间的碰撞问题。例如，暖通（供暖、供气、通风和空调）专业的管路布局中，常遇到部件对管线的布局造成障碍，这同时也是施工过程中常遇到的一类碰撞问题。BIM 协调服务能解决这一问题，即在建筑施工初期，协调各个专业之间的冲突，产生和提供协调数据。当然，BIM 的协调性并不局限于解决不同专业之间的冲突，它还能处理电梯井道与其他设计布局和净空要求的协调、防火分区与其他设计布局的协调、地下排水与其他设计布局的协调等问题。

3. 模拟仿真性

BIM 的仿真功能覆盖面广，既能对建筑结构进行仿真，又能对现实环境中难以实现的工程活动进行仿真。在设计阶段，BIM 技术可以对某些工作状态进行仿真，如节能、应急疏散、日照、导热等。在招标、建设过程中，可采用 4D 仿真（三维模型＋工程进度），即按照施工组织设计对工程进行仿真，得出合理的施工方案。同时，也能进行 5D 仿真（根据三维模型实现成本和时间的控制与优化）。在运行期，可以对各种突发事件的应急处置模式进行仿真，例如：地震中的人员疏散、消防员的疏散。

4. 优化性

在使用 BIM 技术的情况下，整个建设过程是一个不断优化的过程。这种优化通常受到信息复杂程度和时间的限制。信息的准确性对最终结果具有重要影响，而 BIM 模型提供了实际建筑的各种信息，包括几何、物理和语义信息。然而，在高度复杂的项目中，参与者由于各种原因往往难以全面了解所有信息，因此需要借助科学技术和设备的帮助。建筑物的复杂性通常超出了参与者的能力极限，但是 BIM 和相关的优化工具为应对复杂项目提供了支持。基于 BIM 的优化可以分为以下两种任务：第一种任务是项目方案的优化。通过将项目设计与投资回报分析结合，可以实时计算设计变化对投资回报的影响。这使业主能够根据自身需求来选择最有利的设计方案，而不仅仅是根据外观评价来选择。第二种任务是对特殊项目部分的设计优化。在建筑中，经常会涉及特殊设计元素，如裙楼、幕墙和屋顶等。尽管这些元素在整个建筑中可能占比较小，但它们往往占用了相当大的投资和工作量比例。此外，它们通常是施工难度较大和可能引发问题的区域。通过对这些特殊设计部分进行优化，可以显著改善工程进度并降低总成本。

5. 可出图性

BIM 绘图提供基于建造对象的精确图纸，如综合管线图和碰撞报告，消除线条错误和标注误解。它是建筑项目的综合管线图、综合结构留洞图、碰撞检查错误报告和建议改进方案的可视化展示，协调、模拟和优化的结果。通过 BIM 技术，消除了潜在错误，实现了图纸的精确性。

智能建造是数字化和智能化技术的产物，它进一步演进于"数字建造"。智能建造系统是一个高度集成且协同运作的建造系统，基于 BIM、物联网、人工智能、云计算和大数据等技术。这个系统可以实时适应不断变化的需求，涵盖了设计、生产、物流和施工等关键环节。智能建造不仅仅针对单一生产环节，而是集成了多个关键环节，包括智能设计、智能生产、智能物流和智能施工。智能设计要求设计过程更加智能化，能够有效评估设计的功能性以及对智能生产和智能施工的支持。智能生产和智能施工并非简单的自动化，而是实现自动化和智能化的生产和工艺流程，以应对设计变更、供应链的变化和工地环境的不断变化。智能物流则根据生产和施工的需求，实现智能采购和物资配送，并能快速响应设计、生产和施工中的变化。

这些环节的有机融合有助于建筑过程的更大灵活性。总之，BIM 和智能建造作为建筑业的前沿技术和新引擎，有助于促进建筑行业的升级和高质量发展。通过不断推进智能建造，建筑业有望成功实现弹性、高效、高质量、安全和绿色建造的目标。

1.2.2　建筑机器人

在机器人研究领域，最早成熟的是工业机器人，其中以六轴机器人为代表，它们首次出现于汽车制造业的自动化浪潮。这类机器人的主要特点是在高度结构化和标准化的场景中工作，通常固定在特定工作站上，能够高效、准确地执行工序，如焊接、喷涂和打磨等。其次是移动机器人，这些机器人不受固定位置的限制，具备自主规划路径的能力，能够实现精确的移动、抓取和搬运。移动机器人的快速发展可以追溯到 2012 年 Amazon 收购 KIVA 公司，这一收购促使自动引导车辆（AGV）在物流领域大规模应用，显著提高了搬运自动化的效率。此后，随着激光雷达和视觉传感器成本的下降，以及场景算法的稳定性，国内涌现了一系列仓储机器人创业公司，它们在仓储领域迎来了高速增长期。同时，更具挑战性的机器人，如无人叉车和移动复合机器人，也迅速崭露头角。在同一时期，服务机器人领域涌现了一批代表性公司，它们在国内外取得了重大突破，尤其是在新冠疫情期间，服务机器人得到了广泛应用和迅速增长。至于建筑机器人领域，由于海外人工成本较高、传感器和算法技术更为先进，一些优秀的创业公司如 Built Robotics、Dusty Robotics 和 Construction Robotics 等开始崭露头角，并逐渐壮大。而国内，由于人力短缺、人工成本飞速上涨，以及建筑信息化和智能化需求的强烈，出现了一批早期创业公司，如博智林专注于建筑机器人赛道，开始探索行业的未来。

这个行业的先锋力量主要包括三个方面：

（1）大型建筑集团的科技部门或科技子公司，例如中建科技、上海建工和中交土木科技等。它们强调"工业化、数字化、一体化"的平台化思维，从建筑全局出发，研发建筑机器人和信息化生态系统。这些自主研发的机器人主要关注与装配式建筑相关的领域，如钢结构、钢筋和 PC 自动化设备。此外，它们还联合三方科技公司，共同研发机器人产品或提供落地应用场景。

（2）建筑机械设备制造商，如三一重工、中联重科和徐工集团。它们的核心优势在于机械设备的研发和制造，但在智能感知和自主控制方面有短板。因此，它们的主要研发方向是对现有机械设备进行智能化升级，并选择与三方科技公司合作，将智能化技术应用到实际施工场景中。

（3）建筑材料制造商，如东方雨虹等也成为建筑机器人领域的重要力量。它们的核心目标是与下游场景中的建材使用相结合，通过研发智能施工设备，为施工团队或合作伙伴提供更多优质的建材。

2018 年之前，上述三大力量一直在探索建筑机器人领域，但建筑机器人行业的热度是由博智林公司掀起，已研发数十种建筑机器人。该公司吸引了众多来自机器人、建筑机械、地产、施工管理、建筑材料、建筑信息化等行业的优秀人才应用已经研发的数十种建筑机器人，并在内部小批量试用中取得了成功。

总之，建筑机器人是一种可以自动或半自动执行建筑项目作业的机器装置，它们能够代替或协助建筑人员完成各种任务，包括焊接、砌墙、搬运、顶棚安装和喷漆等。这些机器人有望提高施工效率、质量和工程成本，同时也能增加工作人员安全。

1.2.3　共融机器人

"与人共融"概念起源于 2014 年，由王天然院士提出，被视为下一代机器人的本质特征。2017 年，国家自然科学基金委员会启动了为期 8 年的"共融机器人基础理论与关键技术研究"计划，旨在推动该领域的科研发展。在项目启动一年后，专家联合发表文章，将共融机器人定义为 TriCo Robot，从共存、协作和认知三个方面进行了界定，如图 1-1

所示。其中，"共存"强调机器人应用的安全性和生活丰富性；"协作"指机器人通过通信与其他智能体协调交互；"认知"表示机器人通过感知环境、预测行为并自适应地反应。共融机器人具备自然交互、自主适应复杂环境和协同作业的能力。这一定义标志着共融机器人领域的进步，但仍需要更多工程研发和实践应用。

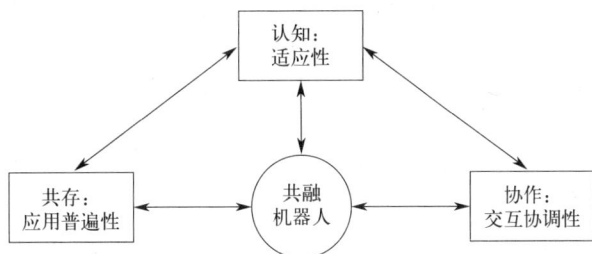

图 1-1 共融机器人

1.2.4 工程大脑

工程行业同时面临机遇和挑战。尽管工程领域广泛使用了 BIM、GIS、云计算、人工智能等技术提高生产效率，全面的建筑信息化和工程智能化仍需进一步发展。工程智能化仍处于初步发展阶段，工程互联网和物联网数据技术需提高，支持智能决策的体系不够完善。王翔宇教授提出了"工程大脑"概念，灵感源自人脑。这一概念通过高度整合工程领域的关键技术、理论基础和全生命周期数据，与跨领域的先进科技有机结合，打造高效、智慧、完善的工程决策体系。"工程大脑"旨在引入智能决策系统，整合各类数据，包括设计、施工、运营和维护的信息，借助算法和人工智能进行分析和应用。它的目标是提供全生命周期的工程管理支持，从项目规划和设计到实施和维护，直至拆除或更新。工程大脑以人工智能为核心，为工程建造提供人工智能模型与算法支持，旨在提高安全生产、质量管控、降低建造成本。它整合数字孪生、BIM、联邦学习、智能传感器和监测技术，是智慧建造领域的重要技术成果，图 1-2 中展示了实际工程中"工程大脑"的适用性。

1.2.5 建筑外骨骼技术

近年来，建筑行业迎来了一场数字化和智能化的革命，为提高工作效率、保障工人安全以及解决人力短缺问题，建筑外骨骼技术应运而生。这一先进技术借助机械装置与智能控制系统，以一种仿生学的方式，将外骨骼设备穿戴在建筑工人身上，极大地增强了工人的力量和耐力。建筑外骨骼技术基于对人体运动学的深入研究，通过传感器、执行器和控制系统的精密协同，实现对人体肌肉和关节的增强支持。外骨骼装置一般由机械骨架、电池组、传感器以及智能控制系统组成。机械骨架采用轻量化、高强度的材料，既保证了强度，又降低了负担，使得工人能够在长时间的劳动中保持良好的状态。

建筑外骨骼技术具有广泛的功能和应用领域。首先，它可以显著提升工人的负重能力，例如，使用电机的主动外骨骼适合搬运重物。其次，通过智能控制系统，外骨骼能够感知工人的运动意图，实现自然、流畅的动作协调，提高工作效率。在建筑施工中，外骨骼技术常被用于高空作业、深坑作业等复杂环境，为工人提供额外的安全保障。尽管建筑外骨骼技术在提升建筑工人生产力和安全性方面取得了显著成果，但仍面临一些挑战。一

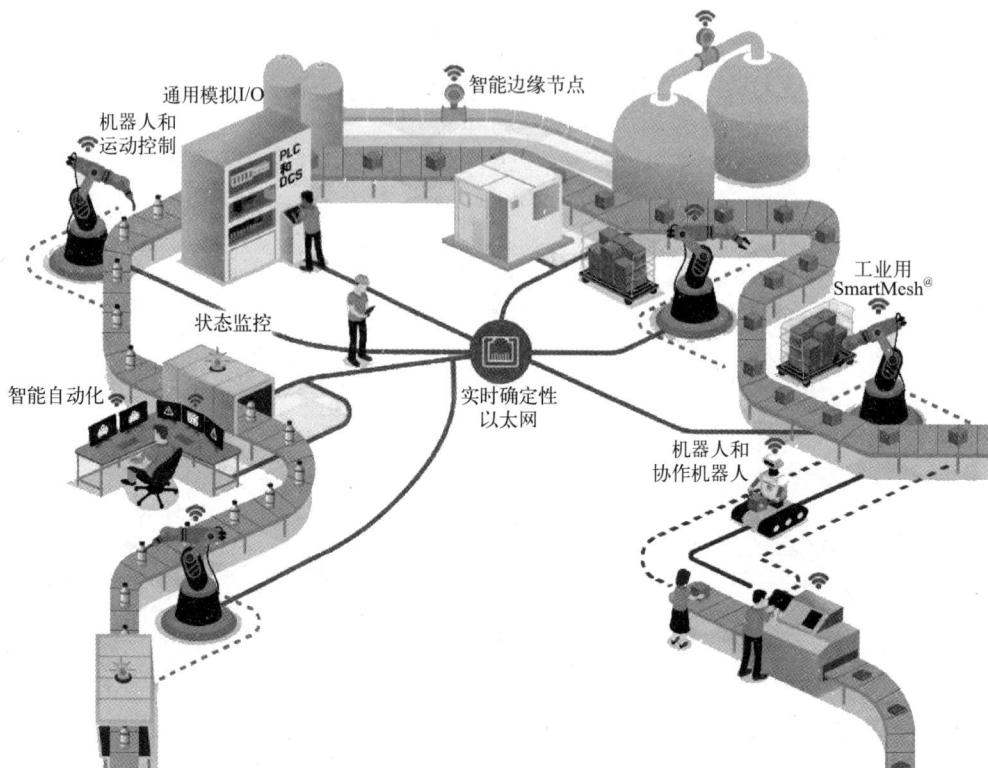

图 1-2　工程互联网和物联网

方面，技术的成本仍较高，限制了其在大规模应用中的推广。另一方面，外骨骼设备的设计需要更好地考虑人体工程学和舒适性，以提高工人的接受度。

　　未来，建筑外骨骼技术有望朝着更轻量、更智能、更实用的方向发展。随着材料科学、人工智能和生物医学工程等领域的不断突破，建筑外骨骼将更好地与人体协同工作，成为建筑行业数字化转型的重要支撑。另外建筑外骨骼技术与智能建筑的融合也是未来的发展方向。通过与智能感知系统的连接，外骨骼能够更好地适应工作环境，实现更智能、更自适应的助力效果。这样的融合将为建筑工人提供更为综合和高效的工作支持，进一步推动建筑业的现代化和智能化发展。

1.3　工业4.0背景下的建筑产业升级

　　建筑行业也经历了自己的工业革命，从18世纪到至今工业4.0阶段，不断地进行工业革命的迭代和技术的更新，如图1-3所示，以下详细介绍几次工业革命：

　　第一次工业革命，也被称为工业1.0，跨越了18世纪60年代到19世纪中期。这个时代被定义为机械制造时代，它是由水力和蒸汽机的广泛应用催生的。这一阶段的关键突破是解决了机械动力问题，通过机械力量的驱动，机器逐渐代替了手工劳动。这次工业革命引领了经济社会的转型，从以农业和手工业为基础的经济模式，向以工业和机械制造为主导的新模式发展。这一时期的突破为纺织、运输、冶金等行业的机械化生产奠定了基础，同时也推动了机械制造和材料技术的发展，为内燃机和电动机等技术的出现铺平了道路。

第二次工业革命，即工业2.0，从19世纪后半期延续至20世纪初。在这个阶段，电气设备得到了广泛的应用，电力驱动了产品的大规模生产。有了电力的支持，继电器和电气自动化控制技术得以广泛应用，促进了产品的批量生产。重要的突破之一是零部件生产与产品装配的成功分离，这一创新开创了高效的产品批量生产模式。流水线技术在这一时期扮演了关键角色，将复杂的生产过程分解为简单且标准化的动作，以适合机器完成。这一思路为电子设备的广泛应用提供了平台，并为控制技术的发展和自动化生产线的兴起奠定了基础。

第三次工业革命，即工业3.0，起始于20世纪70年代，一直延续至今，被称为电子信息化时代。在工业2.0的基础上，广泛应用了电子和信息技术，进一步提高了制造过程的自动化控制水平。生产效率、产品质量、劳动分工的程度以及机械设备的寿命都得到了前所未有的提升。在这个时期，工厂大量采用电子与信息技术自动化控制的机械设备进行生产。机器开始逐渐取代人类的体力劳动，不仅接管了相当比例的体力劳动，还开始涉足一些需要智力劳动的领域。在数控机床内部和自动化的生产线上，机器几乎代替了所有的体力劳动，将操作工的角色逐渐变成了"控制单元"，通过电话、按钮、计算机等方式收集、处理和发送信息。

工业4.0，是工业革命的最新阶段，其概念首次出自德国。在这样的背景下，一大批世界工业大国先后提出了自己的工业转型计划，美国提出"工业互联网"的概念，中国也在2015年提出《中国制造2025》，其中就提到将智能制造定为实施制造强国战略的第一个十个行动纲领的重要内容。工业4.0的核心理念是深度应用信息通信技术，推动实现物理世界和虚拟网络世界的融合，形成了信息物理系统（CPS）。这是通过充分利用信息通信技术和网络空间虚拟系统相结合的手段，来推动制造业向智能化转型。工业4.0的理念已经在全球范围内得到广泛传播，各个国家纷纷提出了自己的工业转型计划，以应对新一轮的工业变革。

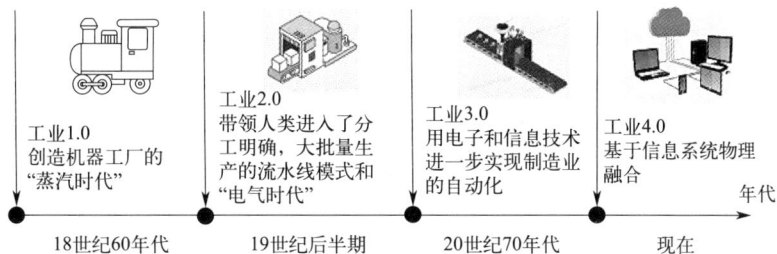

工业1.0	工业2.0	工业3.0	工业4.0
创造机器工厂的	带领人类进入了分	用电子和信息技术	基于信息系统物理
"蒸汽时代"	工明确，大批量生	进一步实现制造业	融合
	产的流水线模式和	的自动化	
	"电气时代"		
18世纪60年代	19世纪后半期	20世纪70年代	现在

图1-3 工业革命演变图

建筑业也随着工业4.0（第四次工业革命）时代的来临，向信息化、数字化、智能化转型。把工业4.0引入建筑业也称为"建筑工业4.0"，努力提升"数字建筑"规划、设计、施工、运维的品质。"数字工业4.0"可以使建筑本身、施工工艺、生产要素、管理过程和参建主体都以数字化的形态呈现，实现虚实交融与实时交互，提高建造过程和建筑系统的效率，保证建筑产品的质量。从"工业4.0"思维出发，充分利用新型数字科技、数字经济对建筑生命周期、建造过程、施工现场工作协同三大核心进行管理，创建"建筑工业4.0"新型建筑信息化工业化管理模式，把建筑提升到工业级精细化管理水平。

在工程项目全生命周期中，在决策阶段、设计阶段可以用较低的成本实现对项目成本、质量、进度最高效的控制。设计前期，模型可先进行多专业碰撞，快速查找复杂节点，自动迭代方案以消除传统繁复的"设计师构想，计算机辅助表达"模式。在设计可行性方面，模型能灵活呈现不同施工阶段的现场变化，便于安全文明施工管理，缩短工期。全数字化样品满足个性化要求，实现产品规模化和精细化。建造阶段采用优化算法，结合BIM、CAD、VR、AR等技术，构建建筑三维模型，通过模型全程虚拟演示生产、施工和管理，实现在线交互，智能化岗位操作，全产业链协同、柔性生产、智能作业与高效管理。在运维阶段，建筑企业可以基于BIM+大数据技术，利用BIM模型的可视性和先进性进行分析。

总而言之，在新时代，数字化转型已成为产业发展的必然选择，是从工业经济迈向数字经济的必经之路。数字中国以数字城市为支撑，数字城市以数字建筑为依托，而数字建筑则通过BIM技术实现。BIM技术的"可视化"助力打造多维城市、构建数字孪生城市，"可承载"形成数字城市运行的基础数据库，"可计算"和"多终端"提升数据处理效率，多端融合管理运营，为数字城市的加速发展提供支持。

1.4　建筑工业化与建筑机器人建造

1.4.1　建筑工业化概念

建筑工业化同工业革命一样，也是一代一代发展起来的，不同阶段的发展目标和标准发生了变化，逐步向信息化、智能化、绿色化发展，见表1-1。建筑工业化是一种现代建筑方法，旨在将工厂制造的元素、材料和构件以及先进的生产工艺引入建筑领域。这种方法通过减少传统施工现场的依赖，提高施工质量、安全性和效率，以及降低施工时间和成本，从而实现可持续发展和环保目标。它的主要标志是建筑设计标准化、构配件生产施工化、施工机械化和组织管理科学化。

建筑工业化的核心内容包括设计优化、工厂生产、物流和运输、施工现场组装以及数字化监控。这一现代建筑方法旨在通过将建筑元素在工厂中生产，然后在施工现场组装，来提高建筑项目的效率和质量。设计过程强调工业化要求，包括模块化构件设计和数字化信息集成，以减少设计修改和提高施工效率。在工厂中制造关键构件，确保高质量和精确制造，如钢结构、混凝土构件、外墙、窗户等。物流和运输计划应精心安排，以确保构件准时交付和安全运输。施工现场组装需要较少的工人和时间，提高了安全性，降低了人工成本，减少了施工噪声和污染。数字化监控工具，如BIM和其他数字化工具，用于监控项目进度和质量，解决问题和变更管理，提高了项目的可控性和透明度。建筑工业化代表了建筑业现代化的趋势，有望在未来推动建筑行业迈向更高效、可持续和创新的发展方向。

建筑工业化发展历程

表1-1

阶段	第一代建筑工业化	第二代建筑工业化	第三代建筑工业化	第四代建筑工业化
目的	解决住房短缺问题	追求高品质、高性能	节能、降低对环境的压力	解决劳动力短缺、加快智能建造
标准	提高住房数量	保证住房品质	环境友好型、提倡可持续发展	保质保量、可持续发展

　　发展建筑工业化，不能够单单看成是建造技术方面的问题，而应当将其作为一项涉及多科学、多部门、跨行业的综合性的系统工程来看待。其过程需要建筑师、工程师和生产厂商的密切合作，建立起从规划设计质量、工程施工质量、建筑相关配套的产品质量到物业管理质量等一整套的建筑质量管理体系。这样，建筑业才能由粗放型向集约型转化，不断增加科技含量和调整产业结构，以此全面提高建筑工业化和标准化的整体水平，促进建筑产业现代化的快速发展。

　　要实现建筑工业化，必须形成工业化的生产体系。也就是说，针对大量建造的房屋及其产品实现建筑部件系统化开发、集约化生产和商品化供应，使之成为定型的工业产品或生产方式，以提高建筑的施工速度和质量。

1.4.2　建筑工业化生产

　　建筑工业化生产的核心实践包括标准化设计、工厂化生产、现场装配和全产业链整合。这种现代建筑方法的要点在于将建筑元素模块化，进行工厂制造，然后在施工现场进行组装。设计阶段侧重于构件的标准化和模块化设计，以确保高质量的制造。各种构件在工厂中精确制造，包括外墙板、内墙板、梁板、阳台、柱和楼梯等，然后运到现场进行组装，形成完整的建筑结构。这种方法的主要优点之一是可以显著提高建筑的整体质量和品质，减少了施工过程中的常见问题，如渗漏、开裂、空鼓和尺寸偏差。工业化生产还大大提高了劳动生产效率，减少了人工成本，并缩短了工程周期。相比传统施工方式，采用工业化生产方式可以节约大量的人力和物力资源。此外，它对环境友好，减少了建筑垃圾、建筑污水、建筑噪声和有害气体的排放。最重要的是，工业化生产降低了建设成本，实现了明显的经济效益。通过提高预制率，减少了模板、脚手架、钢材、混凝土、人工费、水电等多个方面的成本，降低了项目的综合造价，为建筑行业带来了巨大的经济效益。这种建筑工业化的方法在今后的建筑发展中具有重要的前景，它不仅可以提高建筑质量，降低成本，还有助于推动建筑业向更加现代化、智能化和可持续的方向发展。

1.4.3　预制构件批量化生产

　　1990 年，日本率先采用了部件化和工厂化生产的方式，以加速建筑领域的发展。这一方法的目标是提高生产效率，同时允许住宅内部结构的可变性，以满足多样化的需求，逐渐建立了统一的模数标准，巧妙地平衡了标准化、大规模生产和多样化需求之间的关系，使日本的建筑产业进入了良性循环的发展轨道。

　　中国建筑业目前正逐渐引入工业化生产方式，借鉴汽车制造的工厂化模式，使房屋制造过程更高效。这种趋势包括使用工作模台进行流水线操作，以批量生产住宅预制构件，将传统的分散在现场进行的混凝土浇筑工作转移到工厂，以大幅提高生产效率，同时节省大量人力成本。预制构件的种类包括外墙板、内墙板、叠合板、阳台、空调板、楼梯、预制梁和预制柱等。这一趋势有望为我国的建筑行业带来更高的效益和质量标准。预制构件生产设备包括：地面行走轮、模台驱动装置、标准模台、清扫机、喷油机、小车行走式布料机、振动台、振动赶平机、预养护系统、打磨修光机、养护房系统、立起机、混凝土输送系统等。

　　随着建筑工业化水平的提高，越来越多的独立预制工厂开始出现，批量化生产的预制构件以前所未有的规模应用于实际建造中，建筑领域正逐渐演变，朝着标准化设计、工厂化生产、一体化装修、信息化管理和智能化应用的新兴建造模式发展。与此同时，PC 预制构件的生产也在向绿色、节能、环保、信息化和工业化的方向迈进，预制行业的发展推动了预制混凝土构件产品和工艺装备的不断创新，初步实现了预制构件的绿色工业化制造。

1.4.4　建筑自动化到建筑数字化

建筑自动化起始于 20 世纪 60 年代的日本。日本不断增长的人口数量带动了极大的住房需求。由于缺乏熟练的劳动力，自动化建造首先在日本推广应用。一些大型预制建筑如积水建房（Sekisui House）、丰田住宅（Toyota Home）和松下住宅（Pana sonic Home），也正是因为日本在其他自动化领域取得了较大的成功，故开始尝试在建筑领域探索建筑生产的自动化。

早期建筑自动化的探索将在建筑工地生产转移到了自动化工厂中。这些生产工厂的工人仍然是以人力劳动为主，所以并不是真正的自动化，将这称为一种流水线组织更为妥当。值得一提的是，日本的预制构件工厂和欧洲国家的预制工厂并不相同。日本在满足生产构件的同时，还能够根据客户的需求，实现定制化和个性化生产。由于日本的预制流水线与大量人力劳动结合，工厂能够在不影响整个生产线的前提下生产满足客户需求的单个构件。也就是说，单个构件可以从流水线上取出来，并在进入下一个生产阶段之前进行再加工。这种定制化的生产模式尽管在自动化程度和生产力水平上与当前工业机器人相差甚远，但仍然可以看作是当前机器人批量定制建造的先驱。

随着 20 世纪 70 年代工业机器人在制造业领域的繁荣，日本清水建设（Shimizu）首先设立了一个建筑机器人研究团队，建筑机器人研究在接下来的十年迎来了一个热潮。随后出现的单工种机器人与之前的建筑自动化流水线有了显著的不同。单工种机器人不再局限于预制化的工厂环境，而是能够将施工现场的复杂性同步考虑，实现现场拆除、测量、挖掘、铺设、运输、焊接、喷漆、检查、维护等多种多样的现场作业。单工种机器人大多关注于建立一个可以重复执行具体施工任务的简单数控系统。这些早期建筑机器人的特点通常是手动控制、自动化成分低，再加上单工种机器人的上下游工序没有实现协同，因此单工种机器人的出现虽然实现了机器换人，但在实质上并没有明显提升建造生产效率。

在单工种机器人之后，一体化自主建造工地（Integrated Automated Construction Sites）成为提高现场建造效率和自动化程度的解决方案。一体化自主建造工地的基本理念是采用工厂化的流水线生产模式来组织建筑工地的建造过程，建筑工地可以像预制工厂一样合理组织生产。第一个大型一体化自主建造工地的概念出现于 1985 年前后，有序整合了早期单工种机器人与其他基础控制和操作系统。垂直移动的"现场工厂"为现场建造提供了一个系统化组织的遮蔽空间，使现场作业能够不受天气等因素的影响。建筑机器人的概念和技术从单工种机器人向一体化自主建造工地的转变最早由早稻田建筑机器人组织（Waseda Construction Robot Group，WASCOR）在 1982 年发起。该组织汇集了日本主要建造和设备公司的研究人员，最终共展开了 30 个建筑施工现场实践。其中有些作为原型研究，其他则是一些商业化的应用。但是，由于相对较高的应用成本，其市场份额和应用范围十分有限。

1.4.5　建筑机器人协同信息技术

建筑机器人协同信息技术是指利用先进的信息技术手段，实现建筑机器人之间的协同工作和信息共享，提高建筑施工的效率和质量。随着科技的进步和建筑行业的发展，传统的建筑施工方式已经无法满足现代信息化的需求，因此建筑机器人协同信息技术的出现成为了解决这一问题的有效途径。建筑机器人协同信息技术主要包括以下几个方面：

（1）机器人控制系统：建筑机器人控制系统是实现机器人协同工作的核心。通过先进的控制系统，可以实现多个机器人之间的协同操作，提高施工效率。控制系统中包括传感器、执行器、控制算法等，可以实时获取机器人的状态信息，并根据需求进行控制和调度。

（2）通信技术：建筑机器人之间的协同工作需要进行信息的交流和共享。通信技术可以实现机器人之间的实时通信，传输各种数据信息，包括位置、姿态、传感器数据等。同时，通过与中央控制系统的通信，可以实现对机器人的远程控制和监控。

（3）人工智能技术：人工智能技术在建筑机器人协同信息技术中起着重要的作用。通过人工智能技术，可以实现机器人的自主决策和智能化操作。机器人可以根据实时的环境信息和任务要求，进行自主的路径规划、动作控制等。同时，人工智能技术还可以实现机器人之间的智能协同，提高施工的效率和准确性。

（4）虚拟现实技术：虚拟现实技术可以模拟真实的建筑施工环境，为机器人提供可视化的信息。通过虚拟现实技术，可以实现对施工过程的模拟和预测，提前发现潜在的问题，并进行相应的优化。同时，虚拟现实技术还可以实现对机器人操作的培训和仿真，减少操作人员的培训成本和风险。

（5）大数据技术：建筑机器人协同信息技术可以通过大数据技术对施工过程进行实时的数据采集和分析。通过对施工数据的统计和分析，可以发现施工过程中的问题和瓶颈，并进行相应的优化。同时，大数据技术还可以帮助建筑机器人进行路径规划和资源调度，提高施工效率和资源利用率。

（6）建筑机器人协同信息技术的应用可以大大提高建筑施工的效率和质量。首先，通过机器人之间的协同工作，可以实现多个任务的并行执行，节约时间和人力成本。其次，通过信息的共享和交流，可以减少误操作和错误，提高施工的准确性和稳定性。此外，建筑机器人协同信息技术还可以提高施工过程的安全性和可控性，减少人员的伤亡和事故的发生。总之，建筑机器人协同信息技术是建筑行业发展的重要方向，可以提高建筑施工的效率和质量。随着科技的不断进步和应用的推广，相信建筑机器人协同信息技术将在未来得到更广泛的应用和发展。

1.4.6　建筑机器人在建筑物全生命周期的应用

建筑机器人作为一种先进的技术手段，正在逐渐应用于建筑物的全生命周期中，从设计到施工再到维护，它都发挥着重要的作用。下面将详细介绍建筑机器人在各个阶段的应用。

1. 设计阶段

在建筑设计阶段，建筑机器人可以通过多种技术手段，帮助设计师更好地分析和评价设计方案，提高设计质量和效率。建筑机器人可以使用扫描和测量技术，获取建筑现场的准确数据，包括地形、结构、环境等。这些数据可以用于建筑模型的生成、虚拟现实的仿真和可视化效果的呈现等方面。同时，它还可以利用数据采集得到的信息，自动或半自动地生成建筑模型，为设计师进行进一步的设计优化和评估提供参考。建筑机器人还可以对建筑模型进行结构分析、能耗模拟等，帮助设计师评估建筑的结构安全性、能源使用效率等方面的性能。

2. 施工阶段

在建筑施工阶段，建筑机器人的应用可以提高施工效率和质量，解决一些传统施工方法中存在的问题。施工机器人可以完成一些重复性和规模化的工作，如砌筑墙体、铺设地板等。由于其精确度高、反应速度快等优势，施工速度和质量可以得到大幅提升。搬运机器人可以替代人工进行建材的搬运和定位，减少人力投入，降低劳动强度，提高施工效率和安全性。

3. 维护阶段

在建筑物维护阶段，建筑机器人可以定期巡检和保养建筑物，监测结构和设备状态，提高维护效率和安全性。同时利用各种传感器和监测设备，进行建筑结构和设备的巡检，及时发现和修复问题。机器人的高空安全巡检等功能还可以替代一些危险的人工操作。此外，机器人还可以进行设备的保养和维修工作，如更换照明设备、清理通风系统等。其精确度和反应速度可以提高维护工作的效率和质量。

4. 拆除和重建

当建筑物需要拆除或重建时，建筑机器人可以发挥重要的作用。建筑机器人可以帮助拆除旧建筑物，例如使用机械臂破坏混凝土结构、清理废弃物料等。它们可以替代人力执行一些机械性、危险性较高的工作。在新的建筑项目中，建筑机器人也可以进行一些高效、精确的工作，如基础挖掘、土方工作等。它们可以提高施工速度和质量，减少人力投入和资源浪费。

总而言之，建筑机器人在建筑物的全生命周期中发挥着重要的作用。它们通过自动化、智能化的技术手段，能够提高设计质量和效率、提升施工速度和质量、加强建筑物的维护和管理，从而推动建筑行业向更加智能、高效、可持续的方向发展。

✒️复习思考题

1. BIM 具有哪三种含义？
2. 建筑机器人的定义是什么？
3. 共融机器人的定义和特点是什么？
4. 建筑机器人协同信息技术主要体现在哪几个方面？

第2章 建筑机器人概述

本章要点及学习目标

1. 了解建筑机器人的概念和定义，包括其起源、背景和在建筑领域的应用范围。

2. 理解建筑机器人的技术特征，包括机器人的建造内涵、自动化、多功能性、灵活性、智能化、协作性、安全性和数据驱动等方面的特点。

3. 掌握建筑机器人技术的发展历程，包括机器人技术的起源、发展历程和近年来的关键技术和产品发展情况。

4. 了解建筑机器人在提高施工效率、质量和安全性方面的优势和潜能，以及对建筑工程品质的提升作用。

2.1 建筑机器人的概念

2.1.1 机器人的定义

机器人一词的起源可以追溯到20世纪20年代，由捷克作家卡雷尔·恰佩克在他的戏剧《罗萨姆的万能机器人》中首次使用。在这个戏剧中，恰佩克首次使用了"robot"一词，它来自捷克语中的"robota"，意为"劳动"或"苦工"。这些机器人是通过人工制造而成，拥有类似人类的外观和智能，用于执行各种工作任务，但缺乏自主意识。"机器人"一词后来被广泛接受和采用，成为描述人工智能系统和自动化机械装置的通用术语。它不仅指代具有人类形态的机器人，还包括各种形状和功能的自动化设备。

迄今为止，机器人的定义因不同组织和学者而异。1967年日本机器人学术会议上，专家提出两个代表性定义：一是机器人是具有移动性、个体性、智能性等七个特征的柔性机器；二是机器人为具备脑、手、脚三要素的个体，拥有非接触和接触传感器，以及平衡觉和固有觉的传感器。

各组织和国家对机器人的官方定义有所不同。例如，国际标准化组织在1987年对工业机器人进行了定义："工业机器人是一种具有自动控制的操作和移动功能，能完成各种作业的可编程操作机。"另外，各个国家也有自己的行业协会，如IFR（国际机器人联合会）、RIA（美国机器人协会）、JRA（日本机器人协会）等，这些协会也对机器人进行了一定的定义和分类。总的来说，机器人是一种高度自动化、高度智能化的机器。

随着科技的发展，机器人不断涌现出新的结构、新的功能和新的类型。而有些科技又是跨时代的，因此以前的机器人定义很难描述新机器人的特征。也许机器人永远不会有一个统一的定义，但正是如此，才说明了机器人技术有无限的生命力和不断进步发展的空间。

2.1.2　建筑机器人的定义

建筑机器人的起源可以追溯到 20 世纪初。随着工业化和自动化的兴起，人们开始研究如何利用机器人技术来提升建筑行业的效率和安全性。目前，由于建筑机器人是一个相对新兴的领域，仍在不断发展和探索中，还没有一个特定的国际组织对建筑机器人进行具体的定义。

在行业和学术界中，建筑机器人常被定义为一类专门设计和用于在建筑领域执行特定任务的机器人系统。它们通过自主或半自主的方式，利用机械、电子和计算机技术，辅助或代替人力，执行繁重、复杂或危险的建筑工作，从而提高施工效率、降低人力成本，并提升施工质量和安全性。建筑机器人具备多种功能与能力，它们能够自主执行建筑任务，根据预先设定的程序或指令，感知和理解环境，作出相应的决策，并执行相应的动作。建筑机器人常配备各种传感器，如视觉传感器、激光雷达和超声波传感器，用于感知和获取环境信息，以识别障碍物、定位目标、测量距离等。此外，建筑机器人还具备灵活性和可编程性，能够适应不同的建筑任务和工况。

2.1.3　建筑机器人的产生背景

建筑机器人的产生源于建筑行业面临的挑战以及科技发展推动的双重作用。传统的建筑方法在面对人力短缺、劳动力成本上升、施工周期延长和安全风险等问题时变得越发困难。这些挑战迫使建筑行业寻找创新的解决方案，以提高效率、降低成本，并增加施工过程中的安全性。

科技的迅速发展为建筑机器人的出现提供了有力支持。自动化技术、传感技术、计算机视觉和机器学习等领域的进步使机器人能够具备感知、决策和执行任务的能力。建筑机器人通过结合机械、电子和计算机技术，以及具备自主感知和智能决策的能力，能够在建筑领域执行各种任务。

建筑机器人的产生受到其他领域机器人应用的启发。例如，工业机器人在制造业的广泛应用以及服务机器人在医疗和物流领域的成功案例，都证明了机器人技术在提高效率、降低成本和改善工作环境方面的潜力，这对建筑行业引入机器人技术提供了借鉴和参考。

建筑机器人的出现也受到了建筑行业自身的需求推动。例如，砌砖机器人可以自动进行砌砖工作，提高施工速度和质量；混凝土施工机器人能够自动化混凝土的输送、浇筑和平整，提高施工效率和质量；建筑装配机器人能够自动化建筑结构的组装和安装，加快建筑装配的速度和准确性。这些应用表明建筑机器人能够解决传统建筑方法中的瓶颈问题，提高整体施工效率和质量。

此外，建筑行业对可持续发展的追求也推动了建筑机器人的发展。建筑机器人可以降低施工过程中的能耗、减少废弃物产生，并提高资源利用效率。通过精确的控制和执行，建筑机器人可以减少误差和浪费，为绿色建筑和可持续建筑提供支持。

总结起来，建筑机器人的产生背景可以归结为三个主要因素：建筑行业所面临的挑战、科技发展的推动以及对可持续发展的追求。这些因素共同促进了建筑机器人技术的发展和应用。随着技术的不断进步和应用范围的扩大，建筑机器人将在建筑行业中扮演越来越重要的角色，为行业的发展带来新的机遇和挑战。

2.1.4 建筑机器人的建造内涵

建筑机器人的建造内涵是指机器人技术在建筑行业应用中涉及的关键组成部分或方面。这些要素包括：

（1）机器人硬件：包括在建筑中使用的机器人系统的物理组件，如机械臂、传感器、执行器、末端执行器和其他机械部件。这些硬件要素使机器人能够执行任务并与建筑环境进行交互。

（2）感知与识别：建筑机器人依靠各种传感器来感知和理解周围环境。这些传感器可以包括摄像头、激光雷达、全球定位系统（GPS）、惯性测量单元（IMUs）和其他感应技术。它们为机器人提供关于位置、方向以及建筑工地上的对象、障碍物或结构的数据。

（3）控制系统：建筑机器人需要先进的控制系统来协调和管理机器人的运动和动作。这包括轨迹规划、运动控制算法和反馈控制机制，以确保任务的准确和精确执行。

（4）路径规划和导航：建筑机器人通常需要在复杂且动态变化的环境中进行导航。路径规划算法用于确定机器人的最佳路径，避开障碍物，并确保在建筑工地内的高效移动。

（5）人机交互：在建筑应用中，机器人可能与人员共同工作或在不同任务中与人员进行交互。人机交互要素包括用户界面、通信系统、安全功能和协作能力，以实现人与机器人之间的有效合作。

（6）特定任务的末端执行器：建筑机器人可能使用专门设计用于特定建筑任务的末端执行器或工具。这些末端执行器可以是夹具、钻头、焊接工具，也可以是 3D 打印机或材料放置系统。它们使机器人能够操作对象、执行特定的建筑操作或进行组装任务。

（7）数据处理与分析：建筑机器人会产生大量数据，需要对这些数据进行处理和分析，以支持决策和优化。这包括来自传感器、控制系统和其他来源的数据，可用于实时监测、性能评估、质量控制和流程优化。

（8）安全和风险评估：在将机器人技术应用于建筑领域时，安全是一个关键要素。安全考虑包括设计具有内置安全功能的机器人系统、实施安全协议、进行风险评估，并确保符合安全规定和标准。

这些要素共同为机器人技术在建筑行业的成功部署和运行作出贡献，促进了建筑过程中生产力、效率、安全性和质量的提高。

2.1.5 建筑机器人的技术特征

结合建筑机器人的建造内涵分析，建筑机器人技术具有以下特征：

（1）自动化：建筑机器人技术实现了工作任务的自动化执行。机器人可以根据预定的程序和算法自主地完成特定的建筑任务，减少对人力的依赖。自动化使得建筑工作可以更加高效、精确和可靠地进行。

（2）多功能性：建筑机器人通常具备多种功能，可以执行多个不同的建筑任务。多功能性使得建筑机器人能够适应不同的施工需求。

（3）灵活性：建筑机器人技术具有灵活性，可以适应不同的建筑场景和任务需求。机器人的设计和控制系统可以根据具体的施工要求进行调整和优化，以实现更高的适应性和灵活性。

（4）智能化：建筑机器人通常集成了先进的人工智能和机器学习技术，使其具备感知、学习和决策的能力。通过感知和分析周围环境的数据，机器人可以根据情况作出智能决策并调整其行为。智能化使得建筑机器人能够更加智能、自主地执行任务。

（5）协作性：建筑机器人技术也可以支持与人类工人的协作。机器人可以与人类工人共同完成建筑任务，提高工作效率和质量。通过协作能力，机器人可以在施工现场与人类工人进行交互、协调和合作。

（6）安全性：建筑机器人技术在设计和实施过程中需要注重安全性。机器人通常配备安全传感器和系统，以便及时检测和避免潜在的危险情况。同时，安全性也涉及人机协作的安全、机器人操作的安全和施工现场的安全等方面。

（7）数据驱动：建筑机器人技术依赖于数据的收集、处理和分析。通过传感器和其他数据采集设备，机器人可以获取大量有关施工现场和任务执行过程的数据。这些数据可以用于实时监测、性能评估、质量控制和流程优化等方面。'

总的来说，建筑机器人技术的特征包括自动化、多功能性、灵活性、智能化、协作性、安全性和数据驱动。这些特征使得建筑机器人能够改善建筑施工过程、提高工作效率和质量，并为建筑行业的可持续发展作出贡献。

2.2　建筑机器人技术的发展历程

2.2.1　机器人技术的起源和发展

1. 机器人技术的起源

机器人技术的起源可以追溯到古代，当时人们开始构想和制造能够模仿和替代人类工作的自动化机械装置。然而，现代机器人技术的发展主要起源于 20 世纪。

有文献记载的最早的自动化机械可追溯至春秋战国时期，《墨子》记载公输班（鲁班）制造的"木鸢"具有滑翔功能；东汉张衡发明的指南车通过齿轮传动实现定向功能，被视为古代机械自动化的典范。在西方，公元前 3 世纪古希腊数学家希罗设计了以蒸汽为动力的"汽转球"和自动神殿门，这些机械装置体现了早期人类对自动化原理的认知。文艺复兴时期达·芬奇设计的"机械骑士"手稿，通过齿轮与滑轮系统实现了手臂开合和坐立动作。1738 年法国技师雅克·德·沃康松制作的机械鸭，具备消化模拟功能，其内部包含 400 余个活动部件。1774 年瑞士钟表匠皮埃尔·雅克·德罗制造的"书写员"自动机，采用凸轮编程技术实现文字书写功能，其机械控制原理为现代工业机器人提供了重要启示。1954 年，乔治·德沃尔获得首个可编程机械臂专利，1959 年，乔治·德沃尔和约瑟·英格柏格基于该专利制造出世界上第一台工业机器人 Unimate。1961 年，Unimate 在通用汽车生产线投入应用，标志着现代机器人技术进入工业化阶段。这一时期控制论、数字计算机和传感器技术的发展，共同构成了现代机器人技术的三大支柱。

20 世纪初，工业化的推动促使机械化和自动化的需求增加。工厂和制造业开始采用机械化的生产线和自动化设备来提高生产效率。这些早期的自动化设备虽然没有被称为机器人，但奠定了机器人技术发展的基础。

2. 机器人技术的发展历程

20 世纪后半叶，随着计算机技术和电子技术的迅速发展，机器人技术得到了飞速的进展。计算机控制系统的引入使机器人能够执行更复杂、精确的任务。传感器技术的进步使机器人能够感知和理解周围环境。人工智能和机器学习的发展为机器人赋予了更高级的认知和决策能力。

机器人技术发展的重要节点可以按时间顺序展开：

• 20 世纪 50 年代：

1959 年，乔治·德沃尔和约瑟·英格柏格发明了第一个数字控制的可编程机械手臂——"Unimate"，用于汽车制造业的焊接任务，标志着工业机器人的诞生，被视为现代机器人的先驱之一。

• 20 世纪 60 年代：

1966 年到 1972 年期间，斯坦福研究院（SRI）的人工智能中心研制出移动式机器人 Shakey，Shakey 机器人虽然只能解决简单的感知、运动规划和控制问题，但它却是当时将 AI 应用于机器人的先驱。

• 20 世纪 70 年代：

1973 年，德国 KUKA 公司发布了 FAMULUS——这是第一台拥有 6 个机电驱动轴的工业机器人。

• 20 世纪 80 年代：

1989 年，麻省理工学院研究人员制造的六足机器人格根斯（Genghis），被广泛视为现代历史上最重要的机器人成果之一。

• 20 世纪 90 年代：

1997 年，IBM 的"Deep Blue"超级计算机击败国际象棋世界冠军加里·卡斯帕罗夫，突显了机器人在人工智能和计算能力方面的突破。

1998 年，美国航空航天局（NASA）的"Mars Pathfinder"任务成功着陆并展开了探测火星表面的机器人探测工作。

• 21 世纪初：

2005 年，美国波士顿动力公司开发的"BigDog"四足机器人展示了在恶劣地形上行走和平衡的能力。

• 21 世纪 10 年代：

2011 年，IBM 的"Watson"超级计算机在电视智力竞赛节目"Jeopardy!"中战胜人类选手，其展现的自然语言处理和知识管理能力，为机器人实现人机交互、智能决策等功能提供了关键技术支撑，推动了机器人在复杂信息处理与响应领域的发展。

2014 年，日本的"Pepper"机器人由软银公司开发，成为第一个商用人形机器人，能够识别情绪、进行语音交流和社交互动。

2016 年，美国波士顿动力公司的"Atlas"机器人展示了令人惊叹的平衡和机动能力，引领了机器人在动态环境中的进一步发展。

• 21 世纪 20 年代：

2021 年，OpenAI 推出了具有强大语言处理能力的 GPT-3 模型，为自然语言交互和智能对话机器人开辟了新的可能性。

随着时间的推移，机器人技术在感知、控制、人工智能和自主性等方面取得了巨大的进步。它们越来越多地出现在各个领域，为人类带来便利、提高生产力并解决各种挑战。未来，随着技术的不断发展，机器人技术将继续创新和演进，为人类带来更多可能性。

2.2.2　建筑机器人技术的发展历程

1. 建筑机器人技术的起源

建筑机器人技术的起源可以追溯到 20 世纪后半叶，随着机器人技术在其他领域的发展，人们开始意识到在建筑行业中应用机器人技术的潜力。

早期的建筑机器人主要集中在辅助建筑施工和装配的任务上。例如，20 世纪 80 年代，美国麻省理工学院开发了可移动的机器人平台，用于在建筑工地上进行材料搬运和组装。这些机器人能够根据预先设置的指令自主地执行简单的任务，减轻了人工劳动的压力。

2. 建筑机器人技术的发展历程

随着时间的推移，建筑机器人的技术不断发展和完善。传感器技术的进步使得机器人能够感知和理解建筑环境，包括障碍物检测、位置定位和建筑结构分析等。控制系统的改进使机器人能够更加精确和灵活地执行任务，如墙体砌筑、混凝土浇筑、钢结构组装等。

在现代建筑机器人技术中，常见的应用包括自动砌砖机器人、混凝土施工机器人、装配机器人和 3D 打印机器人。这些机器人能够根据建筑设计和任务要求进行精确的操作和施工，提高施工效率、质量和安全性。

另外，近年来，建筑机器人技术还涉及人机协作和增强现实等领域的创新。人机协作机器人可以与人类工人共同完成建筑任务，提高工作效率和质量。增强现实技术可以将数字模型与实际施工场景相结合，帮助机器人进行精确的导航和定位。

建筑机器人技术的发展历程可以按时间顺序展开：

· 20 世纪 50 年代和 60 年代：

工业化的推动促使机械化和自动化在建筑领域的应用增加。自动化设备开始被引入建筑施工中，例如使用升降机、起重机和混凝土泵等设备来提高工作效率。

· 20 世纪 70 年代和 80 年代：

建筑机器人技术开始蓬勃发展。早期的建筑机器人主要用于重复性和危险性高的任务，例如在高处喷涂涂料、清洁建筑外墙等。这些机器人通常是定制的，根据具体任务的要求进行设计和制造。

· 20 世纪 90 年代和 21 世纪初：

随着计算机和传感器技术的进步，建筑机器人的智能化水平提升。传感器的应用使得机器人能够感知和理解周围环境，例如，使用激光扫描仪进行建筑结构的测量和模型生成。计算机控制系统的发展使得机器人能够执行更加复杂和精确的任务，例如，自动化焊接、钻孔和砌砖等工作。

· 21 世纪 10 年代至今：

自 2010 年以来，建筑机器人技术进一步发展，应用范围不断扩大。机器人在建筑施工中的应用越来越广泛，包括自动化砌砖、钢筋焊接、墙体打磨、混凝土浇筑等任务。同时，机器人在建筑维护、巡检和安全监控方面也发挥重要作用，例如，使用无人机进行建筑外观检查和维护。

未来，建筑机器人技术将继续创新和发展。随着人工智能、机器学习和自主导航技术的进一步发展，建筑机器人的智能化水平将不断提高。预计建筑机器人将在建筑设计、施工、维护和拆除等各个环节发挥更加重要的作用，提高施工效率、降低成本，并减少对人力资源的依赖。此外，建筑机器人还有望应用于灾后重建、航空航天领域以及在极端环境中的建筑任务。

总体来说，建筑机器人技术经历了从早期的重复性任务到智能化和自主化的发展过程。随着技术的不断进步，建筑机器人将继续改变建筑行业的方式，提升施工效率、质量和安全性。

2.2.3 建筑机器人技术的国内外发展现状

1. 国内建筑机器人行业发展的现状分析

近年来，中国建筑业面临着人力成本上升和生产效率下降等问题。在中国国际化背景下，自 2016 年以来，国际先进的建筑机器人企业逐渐进入中国市场，引入了先进的技术和产品。例如，一些国际知名的建筑机器人企业，如 Brokk 专注于拆除机器人，以及 Transforma Robotics 专注于房屋检测。与国际市场相比，中国的建筑机器人品种相对较少，市场上的机器人种类和类型有限，缺乏多样性和专业性，智能化程度也相对较低，通常缺乏高度自主的导航和决策能力，限制了它们在复杂施工环境中的应用。

在基础研发领域，中国早期的建筑机器人项目相对较少，但近年来，技术的投入和创新不断增加，推动了该领域的发展。其中，建筑施工自动化安装是一个具有潜力的领域，通过引入机器人和自动化系统，可以加速建筑施工进程，提高准确性和降低成本。2011 年，河北建工集团与河北工业大学携手合作，共同研发了一款名为"室内板材安装机器人"的创新产品，该机器人的性能和可行性得到了国家"863"计划专家组的认可和验收。

在应用领域，根据专利数据搜索引擎 Soopat 的详细记录，截至 2019 年 11 月，专利数量已达到 2114 个。尽管中国的建筑机器人专利技术增长迅速，但大部分尚未涉足商业应用领域，也未实现规模化生产，导致下游应用的渗透率不到 1%。目前我国建筑机器人在应用领域存在问题如下：首先，市场需求不明显。尽管建筑机器人有潜力提高生产效率和降低成本，但目前市场对其需求尚未充分释放。建筑行业在采纳新技术方面相对保守，需要时间来接受和适应这些新兴技术，这导致了市场需求的相对低迷。其次，技术成熟度不足。在传统的工业领域，工业机器人通常在高度标准化的环境中执行重复性任务，如汽车制造中的焊接和装配。这些机器人能够在相对稳定和可控的条件下运行。然而，建筑机器人必须适应各种复杂和不断变化的施工场景，例如，建筑工地的不规则形状、不同材料的处理、高度的可移动性需求以及与人员共同操作的情况。因此，建筑机器人需要更高程度的适应性、感知和决策能力，这对研发和生产提出了更高的要求。然而，目前，许多企业或机构可能受限于资金和资源的有限性，难以将技术从研发阶段转化为商业化产品。最后，使用成本高。高昂的设备采购价格使得许多中国建筑企业望而却步。此外，建筑公司还需要投入大量金钱和时间培训人员来操作机器人，还包括维护和维修等方面的培训，以确保机器人能够在实际施工环境中发挥最大效益。

综上所述，中国的建筑机器人行业在国际市场上整体发展相对滞后。然而，随着技术的进步和市场需求的增长，建筑机器人行业正面临巨大的发展机遇。通过加强基础研发、降低采购成本、推进人才培养等方面的努力，中国建筑机器人行业有望实现技术创新和市场应用的突破，为建筑行业带来更高效、安全、智能的解决方案。

2. 国外建筑机器人行业发展的现状分析

在国际市场上，建筑机器人的研究始于 20 世纪 70 年代，尽管已经取得了一定进展，但由于建筑施工场景和工序的多样性和复杂性，目前建筑机器人仅能够处理极小一部分，仅占建筑工程工作量的 1％。

在全球基础研发领域，建筑机器人的研发工作呈现出多样化的特点和发展模式。尽管重点和发展方向各有不同，但各国都在积极推动建筑机器人领域的创新和应用。在日本，建筑机器人的研发主要集中在大型建筑公司。小松建设集团引入了无人机和推土机，以提高建筑施工的效率和安全性。与此同时，清水建设集团也专注于研发焊接机器人和顶棚安装机器人等新兴技术，以满足建筑领域的不断变化和需求。在美国，建筑机器人的研发主要集中在大学和创新型企业。麻省理工学院开发了专门面向建筑施工的外骨骼机器人 SRA 和 SRL，这些机器人能够在施工现场协助工人完成各种任务。与此同时，南加州大学也在高性能混凝土 3D 打印技术领域取得了显著的进展，为建筑行业带来了创新的解决方案。此外，美国的 Advanced Construction Robotics 公司研发了用于钢筋加固的机器人技术，而 Flyability 公司则推出了适用于建筑领域的无人机，为建筑监测和勘察提供更高效的工具和方法。在欧洲，建筑机器人的研发主要集中在建筑研究所和理工学院。英国帝国理工学院进行了研究，推出了多无人机协同的建筑 3D 打印技术，这一技术有望实现更加灵活和高效的建筑施工方式。同时，苏黎世联邦理工学院专注于开发能够在非结构化环境下应用的自主砌墙机器人和现场钢筋网制作机器人，这些技术旨在提高建筑施工的精度和效率。

就应用领域而言，尽管大多数建筑机器人产品仍处于研发阶段，但近年来一些产品已经逐渐走出实验室，投入商用市场。例如，日本清水建设推出了包括钢焊接机器人、安装机器人和自动运输机器人在内的产品，美国的建筑机器人公司（Construction Robotics）自主研发了 SAM100 砌砖机器人，而挪威的 nLink 公司推出了建筑物施工钻孔移动机器人。同时，澳大利亚 Fastbrick 公司的砌砖机器人和新加坡企业 Transforma Robotics 企业的建筑质量检测机器已经与多家合作伙伴达成合作协议，准备进入商业应用的阶段。

综上所述，全球范围内建筑机器人市场的发展仍处于初级阶段。各国在基础研发和应用领域都在加大投入，并取得了一定的成果。随着技术的不断进步和市场需求的不断增加，建筑机器人行业有望实现更大规模的发展和应用，为建筑行业带来更高效、智能和安全的解决方案。

3. 国内建筑机器人市场规模

近年来，我国建筑机器人行业的参与者逐渐增多，包括一些大型建筑企业、机器人制造商以及创业公司等。这些企业和机构通过引入先进的机器人技术和人工智能技术，研发出了一系列适用于建筑领域的机器人产品和解决方案，如建筑施工机器人、智能巡检机器人、无人机测绘系统等。这些创新产品和技术不仅提高了建筑施工的效率和质量，还降低了人力成本和安全风险，得到了市场的广泛认可和应用。预计到 2025 年，我国建筑机器人市场规模有望突破 500 亿元，年复合增长率将达到 30％以上。这一增长动力主要来自于政策支持、技术进步、市场需求增加等多方面因素。

建筑机器人行业规模增长主要受以下两个因素驱动：①市场需求：随着建筑行业的不断扩张和现代化，市场对更高效、更安全、更可持续的建筑解决方案的需求不断增加；②建筑业痛点逐渐显著，如劳动力老龄化导致工人短缺和技能流失、人工成本上升加剧运营成本压力、安全事故频发对工人的健康造成威胁、劳动生产率低加剧项目进度压力等，驱动建筑机器人需求增长。

2.3　建筑机器人的优势和潜能

2.3.1　建筑机器人发展优势

中国建筑机器人行业是工程机械行业中的新兴细分领域，其发展受到建筑业市场规模的影响。与工业制造产业类似，随着科技水平的提升，建筑业也积极采用 BIM（建筑信息模型）、大数据、机器人、物联网、云计算等先进技术。这些技术的应用提升了建筑行业的信息化水平，有助于降低成本、提高效率，并推动行业向信息化、自动化和智能化发展。同时，随着建筑施工企业对建筑机器人优势和潜力的认知不断提高，建筑机器人行业将迎来更快的发展，加速推动行业的创新和发展，为建筑业提供更多高效、智能的解决方案。

当前，中国建筑产业面临着劳动力短缺、安全事故频发和生产效率低下等一系列挑战。劳动力老龄化、人工成本上升以及安全事故的高发率成为建筑业发展的障碍。同时，建筑业的劳动生产率相对较低，需要采取措施提升效率。在这种背景下，建筑机器人作为一种解决方案具有诸多优势，如安全性、高效性、可靠性和自动化等。建筑机器人能够缓解建筑产业面临的问题，并成为转型升级的有效途径。建筑机器人的应用有望显著提升建筑业的效率和质量，同时减少人为因素对施工过程的影响，提高工人的安全和健康保障。随着建筑业转型升级的推进，对建筑机器人的需求量有望大幅增加。建筑企业意识到引入建筑机器人可以有提高生产效率、降低劳动力成本、提升施工安全等方面的优势。建筑机器人能够承担繁重、危险或重复性的任务，提高工作效率，并减少人力资源的依赖。因此，建筑机器人的需求在建筑业转型升级的过程中具有巨大的潜力。

同时国内政策和产学研体系正逐步建立，将持续支持建筑业转型发展。从国家部委到地方政府纷纷推出了一系列支持建筑机器人行业发展的政策和规划，着力加快建筑机器人的研发和应用，见表 2-1。目前，越来越多高校开设智能建造专业及课程，旨在培养综合性专业人才，推动建筑业的积极变革。其中，校企合作在智能建造领域取得了丰硕的成果。例如，某企业投资的大界机器人与浙江大学、华南理工大学、同济大学等高校展开合作，共同建设智能建造实验室，并逐渐形成了一套面向智能建造的新学科体系化综合人才培养方案。通过校企合作，共同推动智能建造技术和应用的研发和创新。高校提供先进的研究设施和学术资源，企业则提供实际的行业需求和应用场景，通过合作共建实验室、开展科研项目、进行技术交流等方式，加强理论与实践的结合，培养具备智能建造领域专业知识和实践能力的人才。

支持建筑机器人发展的有关政策和规划　　　　　　　　表 2-1

文件名称	出台时间	文件内容
《关于推动智能建造与建筑工业化协同发展的指导意见》	2020 年 7 月	大力推进先进制造设备、智能设备及智慧工地相关装备的研发、制造和推广应用，提升各类施工机具的性能和效率，提高机械化施工程度
《关于加快新型建筑工业化发展的若干意见》	2020 年 8 月	推进发展智能建造技术，开展生产装备、施工设备的智能化升级行动，鼓励应用建筑机器人、工业机器人、智能移动终端等智能设备
《"十四五"机器人产业发展规划》	2021 年 12 月	研制建筑部品部件智能化生产、测量、材料配送、钢筋加工、混凝土浇筑、楼面墙面装饰装修、构部件安装、焊接等建筑机器人
《"十四五"建筑业发展规划》	2022 年 1 月	加强新型传感、智能控制和优化、多机协同、人机协作等建筑机器人核心技术研究，研究编制关键技术标准，形成一批建筑机器人标志性产品
《"十四五"住房和城乡建设科技发展规划》	2022 年 3 月	研究建筑机器人智能交互、感知、通信、空间定位等关键技术，研发自主可控的施工机器人系统平台，突破高空作业机器人关键技术，研究建立机器人生产、安装等技术和标准体系。研发性能可靠、成本可控的建筑用 3D 打印材料与应用技术

2.3.2　建筑机器人发展潜能

随着科技的进步，建筑机器人在机械结构、传感器、控制系统和人工智能等方面不断创新。这使得建筑机器人具备更高的精度、速度和自主性能力。未来的建筑机器人有望实现更智能化的施工过程，包括自动规划施工路径、自主调整工作参数和实时感知环境等功能。这将提高建筑施工的精确性、效率和质量。

建筑机器人的应用可以大幅提高施工效率，减少人力资源的浪费和成本。机器人可以自动执行繁重、重复和危险的任务，如搬运重物、砌砖、焊接等，有效降低了人力成本，提高了生产效率。此外，机器人的准确性和一致性可以减少施工过程中的错误和返工，降低项目成本和延迟风险。

建筑行业面临着劳动力短缺的问题，而引入建筑机器人可以弥补这一缺口。机器人能够承担繁重、危险或需要高技能的工作，以减少对人工劳动的依赖。这对解决劳动力短缺问题和提高工作场所安全性具有重要意义。通过机器人的应用，建筑企业能够更好地利用现有的人力资源，提高施工项目的实施能力。

建筑机器人的应用推动了建筑行业的创新和发展。机器人技术的引入使得施工过程更加智能化和自动化，促进了施工方法和流程的创新。例如，建筑机器人的三维打印技术为建筑物的快速建造和个性化设计提供了新的可能性。此外，建筑机器人还催生了新的商业模式和市场机会，为企业创造了新的竞争优势。

建筑机器人的发展对社会产生广泛的影响。通过提高施工效率和质量，建筑机器人可以缩短项目周期，减少对资源的消耗，促进可持续发展。同时，机器人的应用还能提高工人的安全和健康保障，降低工作场所事故的风险。此外，建筑机器人的发展也引发了对于人机关系、职业转型和社会价值的讨论，推动了社会对于建筑行业的认知和发展。

综上所述，建筑机器人的发展潜能可以从技术、经济、劳动力需求、创新和发展以及社会影响等多个角度进行探讨。机器人的应用将为建筑行业带来更高效、智能和可持续的发展，为建筑企业和社会创造更多的价值和机遇。

2.4 机器人在建筑领域中的重要性

2.4.1 提高建筑工程建设效率

机器人具备高速、高精度和自动化的特点，能够在短时间内完成繁重、重复和危险的任务，减少人力资源的浪费和劳动力成本。此外，机器人还能提供精确的数据和监测，促进施工质量的提升。通过引入建筑机器人，建筑企业可以实现施工周期的缩短、生产效率的提高，从而带来更高的效益和竞争优势。

传统的砌砖工作通常需要大量的人力，且工作速度相对较慢。然而，引入砌砖机器人可以大大提高施工效率。例如，美国的建筑机器人公司（Construction Robotics）研发的砌砖机器人 SAM100 是第一款真正投入建筑工地的商用机器人，主要用于辅助工人完成砖料抓举工作，使得墙体砌筑的工作效率平均提高 3～5 倍。

传统的建筑检测通常需要人工巡查和手工记录，费时费力且容易出现遗漏。然而，利用无人机进行建筑检测可以显著提高效率。例如，新加坡的一家企业 Transforma Robotics 开发了 QuicaBot 建筑质量检测机器人，它可以利用机器视觉和传感器技术进行建筑结构的快速扫描和检测，减少了检测时间和人力成本。

2.4.2 降低建筑施工成本

传统的建筑施工通常需要大量的人工劳动力，而人工成本在整个项目成本中占据很大比重。引入建筑机器人可以减少对人工劳动的需求，从而降低人力成本。机器人可以执行繁重、重复和危险的任务，替代人力，同时具备更高的工作效率和准确性。这减少了雇用和培训大量工人的成本，同时减少了劳动力的人为错误和工作停滞。

建筑机器人的自动化和智能化特性使得施工过程更加高效。机器人能够在较短的时间内完成施工任务，减少整个项目的施工周期。这降低了项目的运营成本，包括减少了设备和材料的使用时间、减少了人力资源的需求、减少了项目的监管和管理成本等。

建筑机器人能够精确控制施工过程，避免浪费和误差。它们可以使用传感器和视觉技术来检测和纠正施工中的问题，确保材料和资源的正确使用。这有助于降低材料浪费和重复工作的成本，提高资源的利用效率。

建筑机器人具备高精度和一致性的特点，可以减少人为错误和施工质量问题的发生。机器人在施工过程中能够精确控制动作和参数，保证施工的准确性和质量。这减少了返工的成本和时间，提高了施工的效率和质量。

建筑施工是一个高风险的行业，人身安全和工地安全是重要的考虑因素。引入建筑机器人可以降低人工劳动中的安全风险。机器人能够承担危险和高风险任务，减少了工人暴露于危险环境的风险，降低了施工过程中的事故风险和相关的法律责任成本。

通过降低人力成本、缩短施工周期、提高资源利用率、减少错误和质量问题以及降低安全风险，建筑机器人可以有效地降低建筑施工的总体成本。这为建筑企业提供了更高的效益和竞争优势，并推动了建筑行业向智能化和高效率方向的转型。

2.4.3　提高建筑工程品质

建筑机器人具备高精度和一致性的特点，能够在施工过程中实现准确的操作和测量。机器人能够按照预定的参数和设计要求执行任务，减少人为错误的发生。这确保了建筑工程的精确性和一致性，避免了因人为因素引起的施工质量问题。

建筑机器人的自动化和智能化功能使得施工过程更加高效和可控。机器人能够自动执行任务，遵循预设的程序和指令。它们可以使用传感器和视觉技术来感知和适应施工环境，自动调整操作和参数，确保施工的准确性和质量。

建筑机器人配备了传感器和监测系统，可以实时监测施工过程和结果。机器人能够检测和纠正施工中的问题，如测量误差、材料偏差等。通过实时监测和质量控制，机器人可以及时发现和纠正潜在的质量问题，确保建筑工程达到高品质标准。

建筑机器人可以记录施工过程中的数据和文档，包括实时的测量结果、操作记录和质量检测报告。这提供了全面的施工数据和文档记录，便于质量跟踪和问题分析。通过数据和文档的记录，可以更好地追踪和管理施工过程中的质量，及时解决问题并提升建筑工程的品质。

建筑机器人可以执行标准化的操作和程序，确保施工过程符合相关的质量标准和规范。机器人可以按照预定的工艺和质量要求进行施工，减少了个体操作和主观因素对质量的影响。这提供了质量保证，确保了建筑工程的一致性和高品质。

通过提供精确的操作和测量、自动化的施工过程、实时的监测和质量控制、详细的数据和文档记录以及质量保证和标准化，建筑机器人可以提高建筑工程的品质。它们能够降低人为因素引起的质量问题，确保施工过程的准确性和一致性，从而提升建筑工程的整体品质水平。

📖复习思考题

1. 建筑机器人技术的发展历程包括哪几个阶段？请简要描述每个阶段的主要特点和技术进展。

2. 建筑机器人的建造内涵包括哪些关键组成部分或方面？请分别描述机器人硬件、感知与识别、控制系统和路径规划与导航的作用和重要性。

3. 建筑机器人技术具有哪些特征？

4. 中国建筑机器人行业的发展现状有何特点？分析中国建筑机器人行业面临的挑战和机遇。

5. 机器人技术的发展历程中的重要节点有哪些？请简要描述 20 世纪 50～70 年代的三个重要事件，并说明它们对机器人技术发展的影响。

6. 建筑机器人在提高生产力、效率、安全性和质量方面有何作用？举例说明建筑机器人改变传统建筑行业的方式。

第3章 建筑机器人的组成、分类及用途

本章要点及学习目标

1. 掌握建筑机器人的组成；
2. 了解建筑机器人的分类；
3. 熟悉建筑机器人的用途，可以对不同种类的机器人进行区分。

3.1 建筑机器人的组成

3.1.1 机械结构

1. 建筑机器人的臂部结构

臂部是建筑机器人的主要执行组件，简称为手臂部件，如图 3-1 所示。其主要任务是支撑腕部和手部，并引导它们在空间中进行运动。建筑机器人的腕部空间位置和可活动工作空间受到臂部运动和臂部参数的制约。

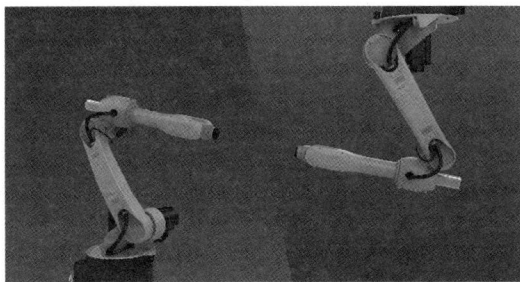

图 3-1　建筑机器人手臂

（1）建筑机器人臂部的组成

建筑机器人的臂部主要由臂杆和与伸缩、屈伸或自转等运动相关的各种构件组成，包括传动机构、驱动装置、导向定位装置、支撑连接和位置监测元件等。根据臂部的运动方式、布局、驱动方式以及传动和导向装置的不同，可以将手臂分为伸缩型臂部结构、转动伸缩型臂部结构、屈伸型臂部结构以及其他专业的机械传动臂部结构。

（2）建筑机器人机身和臂部的配置

机身和臂部的配置形式基本上反映了建筑机器人的总体布局。①横梁式配置：机器人的机身设计成横梁的形式，用于悬挂手臂部件。这种机器人通常分为单臂悬挂式和双臂悬

挂式两种,具有占地面积小、空间有效利用率高、动作简单直观等优点。②立柱式配置:机器人的机身设计成立柱的形式,这种建筑机器人多采用回转型、俯仰型或屈伸型的运动形式,通常分为单臂式和双臂式两种,具有占地面积小而工作范围大的特点。③机座式配置:机器人的机身设计成机座的形式,这种建筑机器人可以是独立的、自成系统的完整装置,可以随意安放和搬动。④屈伸式配置:屈伸式建筑机器人的臂部由大小臂组成,大小臂间有相对运动,称为屈伸臂,如图 3-2 所示。

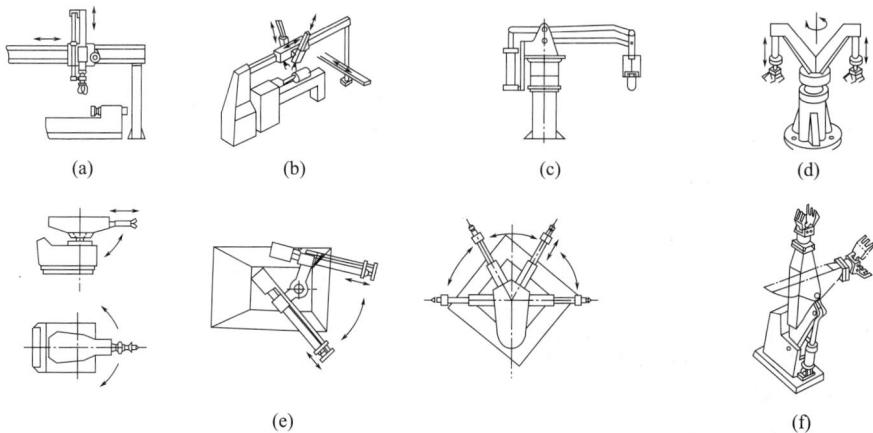

图 3-2　建筑机器人机身和臂部的配置
(a) 横梁式配置单臂悬挂式;(b) 横梁式配置双臂悬挂式;(c) 立柱式配置单臂式;
(d) 立柱式配置双臂式;(e) 机座式配置;(f) 屈伸式配置

（3）建筑机器人的臂部结构

建筑机器人的臂部通常由大臂、小臂（或多臂）构成。①臂部直线运动机构:建筑机器人臂部的伸缩、升降及横向（或纵向）移动均属于直线运动,而实现臂部往复直线运动的活塞和连杆等机构形式丰富多样。②臂部俯仰机构:建筑机器人手臂的俯仰运动一般采用活塞（气）缸与连杆机构联动来实现。③臂部回转与升降机构:手臂回转与升降机构常采用回转缸与升降缸单独驱动,适用于升降行程短而回转角度小于 $360°$ 的情况,也有采用升降缸与气动马达-锥齿轮传动的结构。

2. 建筑机器人的手部结构

手部是装载建筑机器人手腕末端法兰上直接抓握工件或执行作业的部件,建筑机器人的手部也叫末端执行器。

（1）建筑机器人手部的特点

建筑机器人的手部与手腕相连处设计成可拆卸的结构,以适应不同夹持对象的需要。由于建筑机器人可能需要应对多种不同类型的工作任务,通常会配备多个手部装置或工具,因此手部与手腕处的接头要求具备通用性和互换性。手部作为建筑机器人的末端操作器,其设计可以灵活变化,可以是类人的手爪,也可以是专业用于特定作业的工具,例如,安装在建筑机器人手腕上的喷枪或焊枪等。然而,需要指出的是,建筑机器人手部的通用性相对较低,通常是专门设计用于特定任务的装置。例如,一种手爪可能只适用于抓取特定形状、尺寸、重量相近的工件,或者一个特定的工具可能只能执行特定的作业任务。手部在建筑机器人中被视为一个独立的部件，其功能和设计对于整个建筑机器人的作业效果和柔性具有重要影响。将手腕作为手臂的一部分，使得建筑机器人的机械系统可以分为机身、手臂和手部这三大组成部分。

（2）建筑机器人手部的分类

1）按用途分类

手爪：手爪具有一定的通用性，它的主要功能是抓住工件—握持工件—释放工件。

专用操作器：专用操作器也称作工具，是进行某种作业的专用工具，如建筑机器人涂装用喷枪、建筑机器人焊接用焊枪等。

2）按夹持方式分类

手部按照夹持方式划分可以分为：外夹式、内撑式、内外夹持式。

3）按工作原理分类

手部按照工作原理可以分为夹持类手部和吸附类手部。

夹持类手部通常称为机械手爪，可分为依赖摩擦力夹持和吊钩承重两种类型。

吸附类手部包括磁力吸盘和真空（气吸）吸盘，其中磁力吸盘包括电磁吸盘和永磁吸盘；真空吸盘根据形成真空的原理分为真空吸盘、流负压吸盘和挤气负压吸盘三种。

4）按手指或吸盘数目分类

手部可以分为三指手和多关节柔性手指手爪。

5）按智能化分类

根据手部的智能化程度，可分为普通手爪和智能化手爪两类。普通手爪缺乏传感器，而智能化手爪集成了一种或多种传感器，例如，力传感器、触觉传感器和滑觉传感器等，使其成为具备智能化功能的手爪。

（3）建筑机器人的夹持式手部

夹持式手部由手指、传动机构、驱动装置以及连接与支承元件构成，能通过手爪的开闭动作实现对物体的夹持。手指是直接与工件接触的组件，手部的松开和夹紧通过手指的张开闭合来实现。传动机构将动力传递到手指，以实现夹紧和松开的动作机制。

夹持式手部根据手指开合的动作特点分为回转型和平移型。回转型包括一支点回转和多支点回转，根据手爪夹紧是摆动还是平动，可分为摆动回转型和平动回转型，摆动回转型传动机构包括斜楔杠杆式、滑槽杠杆式、双支点连接杠杆式、齿条齿轮杠杆式。平动回转型通过手指的指面进行直线往复运动或平面移动，实现张开或闭合动作，通常用于夹持具有平行平面的工件（如箱体等），根据结构可分为平面平行移动机构和直线往复移动机构两种类型。

（4）建筑机器人的钩托式手部

与夹紧力夹持工件不同，钩托式手部主要依靠手指的钩、托、捧等动作来支持工件，而非通过夹紧力。采用钩托方式可降低对驱动动力的需求，简化手部结构，甚至可省略手部的驱动装置。这种手部设计适用于在水平和垂直方向内进行低速运动的搬运工作，特别适用于处理大型笨重的工件和结构较大但质量较轻、易变形的工件。

钩托式手部分为两种类型，即无驱动装置型和有驱动装置型。

（5）建筑机器人的弹簧式手部

弹簧式手部靠弹簧力的作用将工件夹紧，手部不需要专用的驱动装置，结构比较简单，它的使用特点是工件进入手指中和从手指中取下工件都是强制进行的，由于弹簧力有限，故适用夹持轻小的工件。弹簧式手部由工件、套筒、弹簧片、扭簧、销钉、螺母和螺钉组成。

（6）建筑机器人的气吸附式手部

气吸附式手部是由吸盘、吸盘架以及进排气系统构成的机构，其工作原理是利用吸盘内的气压和大气压之间的压力差来实现吸附作用。这种手部结构简单、重量轻、使用方便可靠，对工件表面没有损伤，且吸附力分布均匀，因此在处理非金属材料或不能具有剩余磁性的材料时得到广泛应用。然而，这类手部对物体表面要求相对平整光滑，没有孔洞或凹槽等不规则情况，因此特别适用于冷却搬运环境。

气吸附式手部根据形成压力差的原理可以分为真空吸附取料手、气流负压吸附取料手和挤压吸盘取料手三种类型：①真空吸附取料手：在取料阶段，碟形橡胶吸盘与物体表面接触，发挥密封和缓冲的功能。随后，通过真空抽气的方式，吸盘内形成真空，实现对物料的吸附。在放料过程中，通过连接管路，使吸盘内恢复到大气压，从而释放物体。为了防止在取放料时发生碰撞，一些设计在支承杆上配备了弹簧缓冲装置。这种设计旨在提供额外的缓冲支持，确保操作过程中的平稳运行。②气流负压吸附取料手：气流负压吸附取料手采用流体力学原理，通过将压缩空气高速通过喷嘴流过，使喷嘴出口处的气压降低到低于吸盘腔内的气压，从而形成负压，完成取物的动作。在释放物体时，只需切断压缩空气即可。这种设计利用气体流动的特性，实现了一种简便而高效的取料机制，减少了机械部件的复杂性。③挤压吸盘取料手：在取料过程中，吸盘会紧贴物体，橡胶吸盘会发生变形，将多余的空气挤出吸盘腔内。随后，取料手上升，依靠橡胶吸盘的恢复力形成负压，从而将物体牢固吸附。在释放物体时，拉下压杆，使吸盘腔与大气相通，失去负压状态，从而释放物体。这个过程利用橡胶吸盘的弹性和负压效应，实现了可靠的物体吸附和释放。

（7）建筑机器人的磁吸附式手部

相较于气吸附式手部，磁吸附式手部利用永久磁铁或通电后产生的电磁吸力来取料，因此仅对铁磁物体有效，同时对于不允许有剩磁的零件不适用，其使用具有一定的限制性。

3.1.2　驱动部分

建筑机器人的驱动部分系统是指用来控制和驱动机器人进行各种动作和操作的硬件和软件系统。这个系统通常包括以下几个方面的组件：①电机和执行器：建筑机器人需要使用电机和执行器来驱动各种运动和动作。电机可以是直流电机、步进电机或伺服电机，而执行器可以是液压缸、气动缸或线性驱动器等。这些电机和执行器通过控制器来接收指令并执行相应的动作。②传感器：建筑机器人的驱动系统还需要搭配各种传感器来感知周围环境和机器人自身状态。常见的传感器包括接近传感器、光电传感器、力传感器、惯性测量单元、视觉传感器和编码器等。通过这些传感器，机器人能够实时获取周围环境的信息，并根据需要调整自身动作。③控制器：控制器是建筑机器人驱动系统的核心部分，它负责接收来自上层系统的指令，解析指令并控制电机和执行器执行相应的动作。控制器可以是嵌入式控制器、PLC（可编程逻辑控制器）或者工控机等，具体选用什么样的控制器取决于机器人的应用场景和要求。④通信系统：建筑机器人通常需要和上层的计算机或者控制中心进行通信，以实现远程控制和监控。通信系统可以使用有线或无线通信方式，常见的通信协议有以太网、CAN总线、蓝牙、Wi-Fi、5G和串口通信等。通过通信系统，机器人可以实现与其他设备或系统的数据交互和信息传输。⑤动作规划和路径规划算法：建筑机器人在执行任务时需要根据具体需求规划运动和路径。动作规划和路径规划算法可以帮助机器人在复杂的环境中规划最佳的运动轨迹，以实现高效的操作和任务完成。建筑机器人的驱动部分系统需要通过电机和执行器来实现各种动作和操作，通过传感器感知环境和自身状态，通过控制器解析指令并控制动作，通过通信系统与上层系统进行数据交互，同时还需要应用动作规划和路径规划算法来实现精确的运动和操作。所有这些组件共同协作，使得建筑机器人能够完成各种任务和操作。

建筑机器人的驱动部分还包括以下部分：①技术调度：建筑机器人的驱动系统需要根据任务需求和优化目标进行技术调度。这意味着系统必须考虑哪些机器人应该执行哪些任务以及在何时执行。技术调度系统可以使用算法和策略来优化任务分配，确保最佳的资源利用率和任务完成效率。②防撞装置：建筑机器人在执行任务时需要避免与障碍物和其他机器人发生碰撞。为此，驱动部分的系统通常会配备防撞装置，如激光雷达或超声波传感器等，用于监测周围环境，并在必要时采取紧急制动或转向动作来避免碰撞。③故障检测和容错机制：在建筑机器人的驱动部分系统中，故障可能会发生。为了确保系统的可靠性和安全性，驱动部分通常会集成故障检测和容错机制。这些机制可以通过监测电机和执行器的状态、传感器的数据质量和控制器的运行情况来检测故障，并采取相应的措施，如报警、切换备用设备或启动应急程序等。④能源管理：驱动部分的系统还需要考虑能源管理，以保证机器人的长时间运行。这可能包括优化电机和执行器的能效、控制器的低功耗设计和电源管理策略的制定。通过节约能源和有效管理，驱动部分系统可以延长机器人的工作时间，提高效率和生产力。⑤可编程性和灵活性：建筑机器人通常需要根据不同的任务和场景进行灵活的调整和编程。因此，驱动部分的系统应具备良好的可编程性和灵活性。这包括支持多种控制模式和编程语言，方便用户进行自定义操作和任务规划。

综上所述，建筑机器人的驱动部分系统是一个复杂的系统，涵盖了电机和执行器、传感器、控制器、通信系统、动作规划和路径规划算法等多个组件。通过这些组件的协同工作，驱动部分的系统能够实现精准的操作和高效的任务完成，以满足建筑机器人在不同场景中的需求。

3.1.3 环境感知系统

建筑机器人的环境感知系统是指通过各种传感器和算法来感知和理解周围环境的系统。这个系统能够提供机器人所需的关键信息，包括障碍物的位置、形状和尺寸、环境的结构和布局、地面的状态以及其他与任务相关的信息。环境感知系统对于建筑机器人来说非常重要，因为它能够帮助机器人准确识别和理解周围环境，从而使机器人能够作出有效的决策和执行相应的任务。

环境感知系统通常包括以下几个方面的组件：①视觉传感器：建筑机器人通常配备各种类型的视觉传感器，如摄像头、激光扫描仪、深度摄像头等。这些传感器能够捕捉并获取环境的图像、点云或深度信息，从而提供对环境中物体位置、形状和表面属性的感知。通过视觉传感器，机器人可以进行物体识别、姿态估计和环境重建等任务。②距离传感器：距离传感器用于测量机器人与周围物体之间的距离。常见的距离传感器包括激光雷达、超声波传感器和红外传感器等。这些传感器能够帮助机器人检测障碍物、测量地面高度和进行碰撞检测等。③动态感知：动态感知是指对环境中的运动物体进行感知和跟踪。这可以通过运动传感器、像素差分算法、光流分析等方法来实现。动态感知对于建筑机器人在繁忙的施工场景中避免碰撞和危险非常重要。④惯性导航系统：惯性导航系统用于测量和跟踪机器人的加速度、角速度和姿态。这通常通过陀螺仪和加速度计来实现。惯性导航系统可以提供机器人的运动状态信息，如位姿、速度和加速度等。⑤地图构建和定位算法：地图构建和定位算法用于生成环境的地图并确定机器人在地图中的位置和姿态。这可以通过 SLAM（即时定位与地图构建）算法来实现，该算法结合了传感器数据和运动模型，以实现地图的构建和机器人在地图中的定位。⑥数据融合和处理：环境感知系统通常需要将来自不同传感器的数据进行融合和处理，以获取更准确和完整的环境信息。数据融合算法可以将不同传感器的数据进行融合，消除噪声和不确定性，并生成一致的环境表示。建筑机器人的环境感知系统通过各种传感器和算法来感知和理解周围环境。这个系统能够提供机器人所需的关键信息，帮助机器人准确感知和理解环境，作出有效的决策和执行任务。环境感知系统对于机器人的安全性、任务完成性和自主性至关重要。

同时，建筑机器人的感知系统还包括：①环境映射和重建：通过环境映射和重建技术，建筑机器人可以获得环境的三维模型或地图。这可以通过激光扫描仪等传感器获取点云数据，并使用算法进行处理和重建来实现。通过环境映射和重建，机器人可以更好地理解环境的几何结构、障碍物位置和拓扑信息。②机器人定位和导航：定位和导航是建筑机器人环境感知的一个重要方面。机器人需要确定自己在环境中的位置和方向，以便进行准确的运动和导航。定位可以通过使用全球定位系统（GPS）或惯性导航系统来实现。此外，建筑环境中的特征点、地标或轨迹等也可以用于机器人的定位和导航。③物体识别和场景理解：建筑现场作为典型的非结构化场景，充斥着建材、临时设施以及移动人员，因此建筑机器人需要具备精准的物体识别和深度的场景理解能力，精准判断其形态特征与运动趋势，同时将不同物体与复杂场景元素建立关联。这对于建筑机器人在非结构化场景中规避碰撞风险、保障人员安全、实现人机协同作业至关重要。④数据融合和决策制定：建筑机器人环境感知系统需要从多个传感器获取的数据进行融合和处理，以获取更全面、准确的环境信息。数据融合算法可以将来自不同传感器的数据进行整合，消除噪声和不确定性，并生成一致的环境表示。这些数据可以为机器人的决策制定提供支持，使其能够作出智能的决策和规划操作。

3.1.4　运动执行

建筑机器人的运动执行系统是指控制机器人进行运动和执行任务的关键部分。它由多个组件和原理组成：①传感器：建筑机器人通常配备多种传感器，如激光雷达、摄像头、力传感器等。这些传感器能够获取环境信息，如地形、障碍物、物体的位置和形状等。传感器的数据可以作为机器人运动执行系统的输入，帮助机器人感知和理解周围的环境。②运动规划：运动规划是指根据机器人当前所处的环境和任务要求，确定机器人的运动轨迹和动作序列。运动规划算法可以考虑目标位置、障碍物以及机器人的动力学和约束条件，为机器人提供安全高效的运动路径。③路径规划：路径规划包括全局路径规划和局部路径规划。全局路径规划基于已知环境地图，通过 A^*、Dijkstra 等算法规划从起点到终点的整体最优路径，需考虑静态障碍物和全局效率。局部路径规划则在全局路径指导下，借助动态窗口法等实时调整路径，应对动态障碍物和临时路况，保障局部行驶安全灵活。④动作控制：建筑机器人的执行器用于实现机器人的运动和执行任务。执行器包括电机、液压驱动器等。动作控制算法根据运动规划和路径规划的结果，控制执行器的运动，使机器人能够按照预定的路径和动作进行操作。⑤实时反馈控制：在执行任务过程中，机器人需要实时获取环境的反馈信息，并根据反馈信息进行调整和控制。这些反馈信息可以来自传感器、位置测量设备等。实时反馈控制可以帮助机器人适应环境变化和动态任务要求，提高运动执行的准确性和效率。这些原理共同作用，构成了建筑机器人的运动执行系统，使机器人能够在复杂的环境中自主移动和执行任务。这些原理也可以根据具体的应用场景和机器人类型进行调整和优化。

建筑机器人的运动执行系统在其应用中起到非常重要的作用，其中包括：①机器人轨迹规划：在建筑工地等复杂环境中，机器人的轨迹规划变得尤为重要。轨迹规划算法可以考虑机器人的运动能力、环境的可行性和安全性等因素，以生成平滑且可靠的轨迹。②碰撞检测与避障：建筑机器人必须具备避免碰撞的能力，以保护自身和周围的人员和设备的安全。碰撞检测和避障算法使用传感器数据，通过分析环境中的障碍物和机器人的运动路径，来避免与障碍物发生碰撞。③动力学建模与控制：建筑机器人通常具有复杂的运动学和动力学特性。动力学建模和控制技术可以更好地描述和控制机器人的运动行为，使机器人可以精确地完成各种任务，如抓取重物、进行精确定位等。④联合协调控制：在多机器人系统中，建筑机器人需要与其他机器人协同工作，以完成复杂的任务。联合协调控制算法可以使多个机器人之间实现高效的通信、路径规划和任务分配，以实现团队合作和协同工作。⑤人机交互：人机交互技术可以将建筑机器人与操作员或其他人员之间进行有效的交互和通信。这可以通过语音命令、手势识别、虚拟现实技术等实现，使机器人的操作更加直观和便捷。⑥自主导航和定位：建筑机器人需要能够自主导航和定位，确定自身位置和环境地图，并在不同的建筑结构中进行导航。定位技术包括 SLAM（即时定位与地图构建）算法、视觉里程计等；自主导航技术则以定位技术为基础，结合路径规划、运动控制等实现自主移动，二者共同构成机器人自主移动的核心技术支撑。⑦人工智能与机器学习：建筑机器人的运动执行系统还可以结合人工智能和机器学习技术，以提高机器人的智能和自适应能力。例如，机器学习可以用于模式识别、运动控制的优化，而深度学习可以用于实现高级的视觉感知和决策能力。这些扩展原理和技术都对建筑机器人的运动执行系统起到重要作用，使机器人能够在各种复杂环境中执行各种任务，提高工作效率和安全性。同时，这些原理和技术也在不断发展和改进，以满足不断变化的建筑行业需求。

3.1.5 机器人调度

建筑机器人的机器人调度系统是指对多个机器人进行任务分配、路径规划以及调度优化的系统。它通过智能算法和规划策略，实现对机器人的集中管理和协调控制，以达到高效、灵活和安全地完成任务的目标。

下面是建筑机器人调度系统的一些关键要素和原理。①任务分配：机器人调度系统根据任务类型和优先级，将任务分配给合适的机器人。任务分配算法可以基于机器人的能力、位置和任务需求等因素进行决策。常用的任务分配算法包括最近空闲机器人优先、最短路径优先等。②路径规划：机器人调度系统需要为每个机器人生成合适的路径，使其能够有效地在建筑工地中移动。路径规划算法可以考虑避免碰撞、最短路径、优先级等因素，以生成安全快速的路径。常用的路径规划算法包括 A* 算法、Dijkstra 算法等。③调度优化：机器人调度系统需要考虑多个机器人之间的调度问题，如资源利用率、任务冲突等。调度优化算法可以帮助选择最优的机器人组合和任务分配，以最大程度地提高整体系统的效率。④实时监控与反馈：机器人调度系统需要实时监控机器人的状态、任务进展和环境变化，并及时获取反馈信息。这可以通过传感器数据、机器人定位系统等进行实现。实时监控与反馈可以帮助调度系统进行动态调整和优化，以应对突发情况和提高系统鲁棒性。⑤算法和优化策略：机器人调度系统使用各种算法和优化策略来解决任务分配、路径规划和调度优化等问题。这包括启发式算法、遗传算法、模拟退火算法等。不同的算法和优化策略可以根据具体的任务需求和环境条件进行选择和应用。通过机器人调度系统，建筑工地可以实现多个机器人的协调工作，提高任务执行效率，减少人力成本和减轻工作压力。调度系统还可以根据实际情况进行灵活调整和优化，以应对各种复杂的场景和变化的任务需求。

除了上述提到的关键要素和原理之外，建筑机器人的机器人调度系统还可以进行以下应用。①环境感知与预测：为了更加智能地进行调度决策，机器人调度系统可以整合更多的环境感知技术和数据，如实时摄像头、激光雷达、温度传感器等，以获取对环境更全面、准确的感知数据。同时，利用这些数据进行环境预测，例如，预测人员流量、材料供应等，进一步优化任务调度和路径规划。②人机协作与协调：建筑机器人的调度系统可以实现与人员的协作与协调。通过人机交互界面或者语音交流等方式，与操作员或其他相关人员进行沟通和联动，根据实时需求和指令，进行任务修改和调度调整，以满足变化的需求。③自主学习与优化：机器人调度系统可以结合机器学习和优化算法，通过对历史数据的分析和学习，优化任务分配和路径规划等决策。系统可以根据机器人在执行任务中的表现和反馈信息，自主地改进调度算法，提高适应性和效率。④多智能体协同控制：在复杂的建筑工地环境中，可能涉及多个不同类型的机器人，如巡检机器人、搬运机器人、施工机器人等。机器人调度系统可以进行多智能体的协同控制与协作，实现多个机器人之间的任务分配和协同工作，进一步提高系统的灵活性和效率。⑤异常处理与容错能力：机器人调度系统应具备强大的异常处理和容错能力。当遇到机器人故障、环境变化或意外事件时，系统应具备自动切换和重新规划路径的能力，以保证工作的连续性和鲁棒性。

这些扩展应用可以使机器人调度系统更加智能、灵活和适应不断变化的建筑现场需求，提高机器人的协调能力和整体工作效率，从而实现更高水平的自动化和智能化建筑施工。

3.2 建筑机器人的分类

3.2.1 按结构类型的分类

按照结构类型建筑机器人可以分为以下几类：

（1）框架结构机器人：这类机器人专门用于在框架结构中进行建筑施工工作。它们可以进行梁、柱、框架等结构元素的组装和安装，以及结构的强化和连接工作。

（2）壳体结构机器人：这类机器人适用于壳体结构的制作和安装工作。它们可以操控和处理薄壁结构材料，如钢板或聚合物薄膜，以创建大型建筑物的外壳结构。

（3）悬挂结构机器人：这类机器人用于悬挂结构的搭建和维护工作。它们可以操作绳索、钢缆或链条等悬挂元素，进行悬挂桥梁、悬挂顶棚等结构的安装和维修。

（4）膜结构机器人：这类机器人专门用于处理膜结构材料并搭建膜结构建筑物。它们可以处理轻质膜材料，并进行拉伸、固定和捆绑工作，以构建具有特殊形状和透明性的建筑物。

（5）混合结构机器人：这类机器人可以适应多种不同结构类型的工作。它们可以根据需要进行不同的操作，包括在刚性结构和膜结构之间进行转换，以适应不同的建筑需求。

3.2.2 按任务类型的分类

按照任务类型建筑机器人可以分为以下几类：

（1）施工机器人：这类机器人主要用于建筑物的施工工作，包括搬运和安装建筑材料、搭建结构框架、进行混凝土浇筑等。它们可以代替人工劳动，提高施工效率和安全性。

（2）检测与维护机器人：这类机器人用于建筑物的检测和维护任务。它们可以进行结构的定期检查，包括检测裂缝、渗漏和损坏等，并进行必要的维修和保养工作，以确保建筑物的稳定性和功能性。

（3）清洁机器人：这类机器人专门用于建筑物的清洁工作。它们可以在建筑物外墙、窗户及其他难以到达的区域进行清洁，减少人工劳动，并提高清洁效果。

（4）拆除机器人：这类机器人用于建筑物的拆除任务。它们可以精确控制拆除过程，避免破坏周围环境，提高安全性和效率。拆除机器人可以应对各种类型的建筑物，包括高层建筑和混凝土结构。

（5）运输与物流机器人：这类机器人用于建筑物的物流和运输任务。它们可以搬运和输送建筑材料、工具和设备，减轻劳动力负担，提高物流效率。

3.2.3 按功能类型的分类

按照功能类型建筑机器人可以分为以下几类：

（1）自动化施工机器人：这类机器人具有自主导航和操作能力，可以完成施工工作中的各种任务。它们可以搬运建筑材料、进行结构安装或者土方工作等，从而减少人工劳动和提高施工效率。

（2）3D打印机器人：这类机器人使用3D打印技术，可以自动在现场进行建筑物的打印和构建。它们可以根据设计图纸直接将建筑材料打印成所需形状和结构，从而加快建筑速度，并降低施工成本。

（3）智能安检机器人：这类机器人具有安全监控功能，用于保护建筑现场的安全。它们可以进行巡逻、监测可疑活动、识别危险品等，帮助提高建筑工地的安全性。

（4）数据分析与管理机器人：这类机器人用于建筑项目的数据分析和管理工作。它们可以收集、整理和分析建筑数据，提供决策支持并且优化建造过程。此外，它们还可以进行进度管理、资源调配和成本控制等工作。

（5）智能维护与管理机器人：这类机器人用于建筑物的维护和管理任务。它们可以进行设备检修、清洁维护、室内环境监测等工作，以确保建筑物的正常运行和舒适性。

3.3 建筑机器人的用途

3.3.1 建筑结构组装和装配

1. 砌筑机器人

由于现代社会建造需求日益增长，而建筑业熟练工人数量较少，因而迫切需要实现建造自动化。目前我国建筑业砌筑市场的主要问题是：①工具原始，因此导致了砌筑效率低下，单纯从组织管理和一般作业工具上的创新已经很难再提高劳动生产率，无法满足建筑业工业化发展的需要；②业态原始，导致产业工人无法进入，从业人员青黄不接，老龄化问题严重；③砌筑作业劳动强度高，作业条件差，导致年轻人不愿从业，人力短缺造成施工质量下降和建造人工成本上升压力持续增大等。这些问题影响建筑工业化转型升级，技术革新已然迫在眉睫。

业内人士纷纷指出，应当加速研发应用智能砌筑机器人，使得建造的砌筑环节都能像汽车生产一样，实现效率、品质、安全等要素的全面提升，同时也能减少人工，节省成本，并在一定程度上解决劳动力不足的难题。2020年，住房和城乡建设部等部门相继出台了《关于推动智能建造与建筑工业化协同发展的指导意见》《关于加快新型建筑工业化发展的若干意见》，鼓励应用建筑机器人、工业机器人。

随着砌砖机器人市场热度不断升温，这个主题获得了建筑行业的高度关注。砌筑业推行机器人代人，从而提质增效，逐步实现少人化的理想应用场景。相比于传统人工砌筑，以砌筑机器人为核心的机械化砌筑具有以下三大优势：优势一在于以高效的砌筑机器人为核心装备，大幅度降低砌筑作业的劳动强度并提升作业效率；优势二在于砌筑从业人员技能化、产业化能够跟上建筑业整体工业的发展脚步；优势三在于以机器人代替人，实现少人化，提高利润水平。

现如今澳大利亚、美国、英国、法国、印度等国家也都相继研发出砌筑机器人。澳大利亚 Fastbrick Robotics（FBR）公司打造的 HadrianX 机器人已经将作业效率提升到了"一小时内完成 200 块砖的施工"，如图 3-3 所示。据悉，HadrianX 机器人原先只能完成每小时 85～150 块砖，但是在技术团队的努力下，现在这一数字已经提升到了 300。随着对砌砖机器人的技术提升与市场前景的看好，国内也有很多企业纷纷转战建筑机器人市场。上海自砌科技发展有限公司的砌筑机器人根据国内建筑特点，以满足室内砌筑典型应用场景的作业需求为主攻方向，产品设计坚持在现场真实施工环境下运用，不预设件，根据人机协作施工的特点，在功能上做适当取舍，以取得效率-造价-可靠性三方面的较好平衡。其已研发出适合中国室内砌体砌筑施工需要的砌筑机器人，已在上海、苏州、青岛多个建筑项目开展了为期一年半的现场施工性能验证，在实际工程环境中取得了理想的工效。

2. 钢结构组装机器人

钢结构是建筑的一种主要结构形式，随着装配式建筑的兴起，对钢结构的需求也急剧增加，与混凝土和木材相比，钢结构既有自身重量轻、强度高、韧性和塑性好、结构可靠、环保、可再利用的优点，也有自身体积大、生产品种多的缺点，这些缺点给钢结构行

图 3-3　砌筑机器人

业的智能化生产带来了不小的挑战。目前钢结构行业生产仍处于半自动化和仅单设备自动化的阶段，生产效率低，产品质量不稳定，人员需求大，已经严重制约建筑行业的发展。随着钢结构智能制造技术的发展，在"机器换人"的大背景下，钢结构智能化生产必定能促进建筑钢结构的发展，既能有效提高效率和质量稳定性，又能减少操作人员数量，降低对人工的依赖，同时也能降低安全风险。

　　杭州固建机器人科技有限公司自行研发的钢结构智能制造生产线是一条用于钢结构生产的智能生产线，该线约为 362m×8.4m×4m，可实现长度 6～15m，宽度 200～800mm，厚度 10～60mm 钢板的下料、搬运、焊接、抛丸、喷涂的自动化生产。整线按照功能分为智能下料线、智能焊接线和智能喷涂线，如图 3-4 所示。

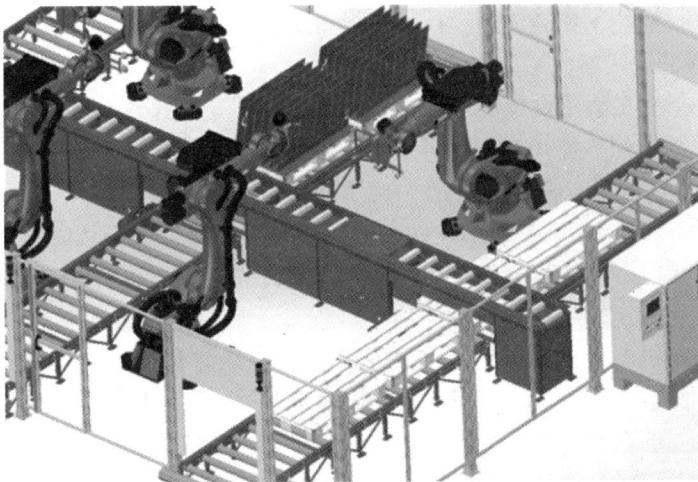

图 3-4　钢结构组装机器人

　　智能下料线包含积放式辊道、表面处理单元、切割下料单元。通过积放式辊道将整张板料输送到表面处理单元，通过钢丝刷辊将板材表面浮锈去除干净，钢丝刷辊上下间隙可通过程序控制自动调节，以适应不同板厚的表面处理；表面处理后，板材进入切割下料单元，该单元通过 CAM 软件对 CAD 图形或三维模型处理，实现不同形状和板厚的自动切割;切割好的零件被辊道送至下料平台后由桁架机械手通过激光视觉定位系统,自动识别物料位置并抓取到指定位置存放或进入铣边倒角单元;铣边倒角单元可通过板材宽度和厚度检测系统,自动调节动力头之间的间距,来实现不同规格零件的铣边倒角,通过控制系统预设参数,只选择加工类型就可实现产品加工。此线可为后续智能焊接线提供较为标准的零件,从而使焊接产品精度进一步提升,也能减少一定的焊接变形;该线也可通过增加龙门桁架机械手、激光视觉定位、AGV牵引车实现原料板材的自动转运和上线。

智能焊接线包含框架组立单元、框架焊接单元、整形矫正单元、下料单元、辅件焊接单元。单个零件通过积放式辊道将不同零件按顺序送入组立单元后,夹紧机构将其夹紧后根据主体框架形状旋转角度,完成组装后可由光构相机检测各零件之间的间隙,如有异常,夹紧机构可实现自动调节,确保间隙均匀、对称,可有效减少焊接变形,组装完成后焊接机器人开始埋弧焊接(包含点焊和满焊),同时通过激光焊缝跟踪,对偏离轨迹自动修正,确保焊接质量稳定;由于焊接变形较大,在焊接辅件之前需要通过液压整形矫正;整形完成后积放式辊道将框架主体输送到指定位置,由下料单元裁成不同长度,然后准备辅件的焊接;搬运机器人通过激光视觉系统自动寻找并识别辅件;将各个辅件依次抓取至指定位置并焊接,搬运机器人上的抓取夹具可根据不同的辅件安装方式和形状实现夹具的自动快速更换(类似加工中心刀具自动更换)。

智能喷涂线由自动抛丸机、喷涂房组成。抛丸能提高油漆在钢材表面的附着力,也能一定程度上减少板材焊接应力;设备通过抛头集中高速喷射弹丸,对工件表面进行打击与摩擦,使得工件表面氧化皮和污物掉落,降低表面粗糙度,能最大限度增加工件的油漆附着力;掉落的弹丸通过螺旋输送器运送到除尘设备内,使设备更环保;抛丸后,辊道将工件送入自动喷漆房,悬挂输送装置将工件吊起并运输前进,同时不同角度的油漆喷枪开始喷涂;喷涂完后进入烘干室和冷却室将油漆烘干和工件冷却后输出成品。该线后续通过零件标识、二维码扫描技术和立体库等技术和设备实现智能仓储。

3. 建筑材料输送机器人

建筑施工是指在工程建设实施阶段进行的生产活动,涉及各类建筑物的建造过程。可以说是将设计图纸上的各种线条在指定地点转化为实体建筑的过程。施工阶段包括基础工程、主体结构、屋面工程、装饰工程等。施工现场通常被称为"建筑施工现场"或"施工现场",也被称为工地。在进行施工过程中,经常需要进行材料输送。有时需要根据建筑的高度和距离不同进行吊运和人工搬运,这种方式需要进行多次重复输送,需要耗费大量的人力物力,具有一定的危险性且输送效率低。

建筑材料输送机器人是一种用于在建筑工地上输送材料的自动化设备。它主要由底盘、机械臂、传感器和控制系统等组成,如图3-5所示。底盘是机器人的基础,通常由轮子或履带构成,能够在不同地形上移动。机械臂是用于抓取和放置材料的部分,它通常具有多个自由度,可以进行各种精确的动作。传感器主要用于感知周围环境,并与机器人的控制系统进行交互。控制系统则负责监控机器人的运行状态,并下达指令进行操作。建筑材料输送机器人可以用于搬运各种建筑材料,如砖块、砂浆、混凝土等。它可以根据需要自动将材料从一个地方搬运到另一个地方,节省了人力和时间成本。通过搭载传感器,机器人能够精确感知并避开障碍物,确保安全运输。此外,建筑材料输送机器人还可以通过与其他机器人或设备进行协同工作,实现更高效的物流操作。例如,它可以与混凝土搅拌车配合工作，将混凝土输送到需要的位置。

图 3-5   建筑材料输送机器人

总的来说，建筑材料输送机器人具有自动化、高效、安全等优点，能够提高建筑工地的工作效率，并减少人力资源的浪费。它是建筑行业中越来越受欢迎的自动化设备之一。建筑材料输送机器人可以应用于多种场景，如：①建筑工地：机器人可以将砖块、砂浆、混凝土等材料从一个位置输送到另一个位置，减少人力搬运，提高工作效率；②高层建筑施工：机器人可以在高楼建筑中运输材料，如玻璃、钢材等，避免危险的高空作业；③隧道施工：机器人可以在隧道施工中输送材料，如土壤、砂石等，减少人工作业的人身安全风险；④建筑装修：机器人可以将装修材料，如地板、瓷砖等输送到需要的位置，减少人力搬运和提高施工效率；⑤混凝土搅拌站：机器人可以从混凝土搅拌站将混凝土输送到需要的位置，例如施工现场，减少人工搬运和提高运输效率；⑥建筑材料仓库：机器人可以在建筑材料仓库中运输和储存材料，自动化管理物品存储和取出，提高仓库管理效率。建筑材料输送机器人的应用还在不断拓展，随着技术的进步和发展，它们将在建筑行业中发挥越来越重要的作用。

3.3.2   拆除和清理

1. 建筑拆除机器人

建筑拆除机器人是一种专门用于拆除建筑物的机器人系统，如图 3-6 所示。它们通常由远程操作或自主操作。它们的设计目的是将建筑物拆除、清理和处理，以确保建筑物的安全和高效拆除。

建筑拆除机器人具有一些核心功能和特点。首先，它们通常具有强大的机械臂，可以进行精确的拆除操作。机器人的臂部通常配备了各种各样的工具，如破碎器、剪刀和锯等，可以应对不同类型和材料的建筑物。此外，机器人还可以配备高清摄像头和传感器等系统，以提供实时监控和识别建筑物的结构。其次，拆除机器人通常具有自主导航和定位的能力。它们可以使用先进的导航技术和对地图的识别来避开障碍物并自动规划最佳的路径进行操作。这样可以极大地提高拆除效率和安全性，减少人为干预的需要。除了机械臂

图 3-6   建筑拆除机器人

和导航系统，建筑拆除机器人还通常装备有安全装置、报警系统和紧急停止按钮等应急措施，以确保机器人在出现故障或危险情况时能够及时停止工作。总的来说，建筑拆除机器人是一种高效、安全并具有自主导航能力的机器人系统，它们能够有效地拆除建筑物，减少人力成本和人身安全风险，并提高工作效率。

　　建筑拆除机器人在以下几个应用场景中发挥重要作用：①建筑拆除：建筑拆除机器人可以用于拆除各类建筑物，包括住宅、商业建筑、工业设施等，机器人的强大机械臂和多功能工具可以精确地进行拆除和清理工作，提高拆除效率并降低人力风险；②灾后清理：在自然灾害或事故发生后，如地震、火灾或建筑物倒塌，建筑拆除机器人可用于快速、安全地清理残骸和碎片，这有助于减轻人力负担并加速灾后恢复工作；③高危环境：在有害物质、有毒气体或放射性场所，拆除机器人可以取代人类进行拆除工作，确保工作人员的安全，机器人可以在受污染的环境下进行拆除操作，减少对人体健康的风险；④历史建筑保护：对于需要保护的历史建筑，拆除机器人可以进行精细拆除，避免对建筑物造成破坏，机器人搭配先进的成像和传感器技术，可以在保护建筑的同时确保施工安全；⑤管道和隧道维修：拆除机器人可以用于清理和修复管道、隧道等地下设施，机器人能够进入狭窄的空间并执行紧凑的操作，提高维修效率和安全性。

　　综上所述，建筑拆除机器人广泛应用于建筑拆除、灾后清理、危险环境下的工作、历史建筑保护以及管道和隧道维修等场景，带来高效、安全和精确的拆除和清理工作。

　　2. 建筑清理机器人

　　建筑清理机器人是一种专门设计用于清洁建筑物内外部的机器人，如图 3-7 所示。它们使用先进的传感器、机械臂、刷子、吸尘器和清洁剂喷雾系统等设备，能够自动执行吸尘、擦洗、拖地和除尘等任务，以保持建筑物的卫生和整洁。

　　建筑清理机器人通常具有自主移动能力，并能利用先进的感知技术，如视觉识别、激光雷达和红外线等，以感知周围环境和障碍物，规划和执行清洁路径，并避免与人员或物体碰撞。这些机器人还可以根据特定的清洁要求和场景进行自动调整和配置。例如，它们可能会根据地面类型和污垢程度选择合适的清洁刷子和吸尘器，或根据需要自动调整喷洒清洁剂的浓度。建筑清理机器人的目标是提高清洁工作的效率和质量，减轻人工劳动力的负担，并提供更安全、整洁和卫生的建筑环境。

图 3-7　建筑清理机器人

　　建筑清理机器人可以在多种应用场景中发挥作用，包括但不限于：①高楼外墙清洁：清洁机器人可以在高楼外墙上自动移动，清洁玻璃窗、立面、阳台等表面，这种机器人通常配备了无线摄像头和传感器，可以精确感知并清理难以到达的高处区域，提高效率和安全性；②施工现场清洁：在建筑工地上，清洁机器人可以帮助清理垃圾、砖石碎片、建筑材料残留等，这些机器人通常具有足够的承重能力和适应能力，可以通过传感器和导航系统避开障碍物并进行有效的清理；③建筑外部美化：除了清洁，一些机器人还可以具备美化建筑物外部的功能，例如，某些机器人可以携带或操作喷漆设备，用于绘制或修复建筑物的外部涂料，提升建筑的外观和观感。

　　综上所述，建筑清洁机器人可被广泛应用于各类建筑环境中，提供高效、安全和卫生的清洁服务，并在一定程度上减少对相关劳动力的需求。

3.3.3　检测和维修

1. 建筑检测机器人

　　建筑检测机器人是一种具备自主移动和感知能力的机器人系统，专门为建筑结构、设备或其他相关要素进行检测、监测和评估而设计的。

　　建筑检测机器人具有以下几个特点：①自主性：这些机器人能够自主地在建筑物内外移动，不需要人工干预，它们可以通过自主路径规划和避障技术，在复杂的环境中进行导航和操作；②多传感器系统：建筑检测机器人搭载了多种传感器，包括相机、激光雷达、红外线等设备，以获取准确的建筑数据，这些传感器可以用于检测结构、材料、温度、湿度等多个参数，提供全面的检测信息；③实时监测：机器人可以通过即时收集的数据实时监测建筑物的状态和性能，它们能够在短时间内对整个建筑物进行全面扫描和检测，快速发现潜在问题，提供实时的反馈和报告；④数据处理和分析：建筑检测机器人能够将收集到的大量数据进行处理和分析，生成详细的检测报告和建议，它们可以利用算法和人工智能技术，对数据进行识别、分类和分析，为决策者提供准确的信息和建议；⑤提高工作效率和安全性：建筑检测机器人能够代替人工进行危险、重复或繁琐的检测任务，提高工作效率和安全性，它们可以在高空、狭小空间或有风险区域中进行操作，减少了人员的风险和劳动强度。

　　综上所述，建筑检测机器人具备自主性、多传感器系统、实时监测、数据处理和分析等特点，能够提高检测效率和准确性，同时为建筑领域的安全性和可靠性提供有效支持。

建筑检测机器人在多个建筑场景中发挥作用，包括：①建筑安全检测：机器人可以通过传感器和摄像头来检测建筑物中的安全隐患，例如裂缝、结构损坏、漏水等，它们可以定期巡视，及时报告并预防潜在的危险；②建筑质量检测：机器人可以利用摄像头和图像处理技术来检测建筑物的质量问题，例如漏水、裂缝、不规则结构等，它们可以快速识别并报告这些问题，以便及时修复；③施工现场监测：机器人可以在施工现场上执行监测任务，例如检查工作进展、材料使用情况、固定和连接工艺等，它们可以提供准确的数据，帮助管理者做出决策并提高工作效率；④建筑物巡逻和安保：机器人可以在建筑物周围巡逻，通过摄像头和传感器监测潜在的入侵和安全问题，它们可以及时发出警报，并提供实时视频监控，为安保人员提供支持；⑤环境监测：机器人可以在建筑物内外执行环境监测任务，例如检测温度、湿度、气体浓度等，它们可以提供准确的数据，帮助建筑物维持良好的室内环境。

2. 建筑维修机器人

建筑维修机器人是一种专门设计用于执行建筑维修和维护任务的自动化机器人系统，如图 3-8 所示。建筑维修机器人通常具备高空作业能力，可以在高楼大厦的外墙或屋顶上进行维修工作。它们配备了稳定的平台和安全措施，使其能够安全地进行高空作业。可以对故障进行检测和诊断：建筑维修机器人配备了传感器和摄像头，用于检测和诊断建筑物中的故障和问题。它们能够感知裂缝、漏水、损坏的结构等，并通过数据分析来帮助确定维修策略。可以进行维修和保养任务：建筑维修机器人可以执行多种维修和保养任务，包括但不限于：表面修复、涂漆、更换灯具、清洁、排水维护等。它们配备了适当的工具和设备，可以完成各种维修工作。可以自主导航和定位：建筑维修机器人具备自主导航和定位能力，可以在建筑物内外自动移动并准确定位维修目标。它们可以使用激光导航、视觉导航或其他导航技术来实现这一功能。还可以进行远程监控和控制：一些建筑维修机器人具备远程监控和控制功能，可以通过网络连接与操作员进行交互。这使得操作人员能够实时观察机器人的工作状态、故障诊断结果，并进行必要的指导和调整。

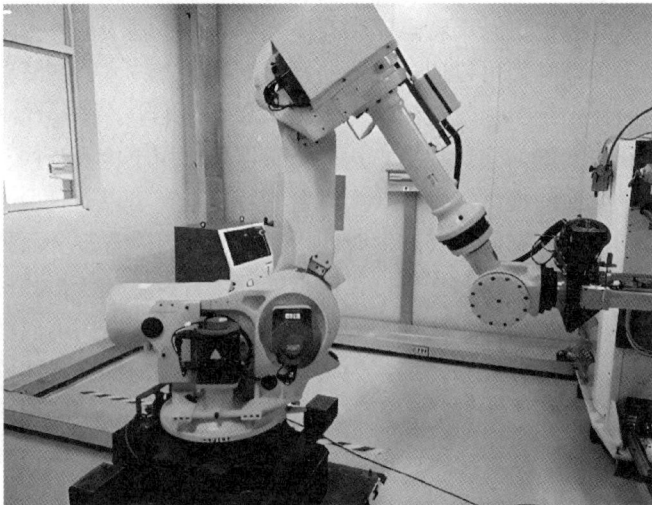

图 3-8　建筑维修机器人

　　建筑维修机器人的应用有助于提高维修效率、减少人力成本、降低工作风险，并可以在危险或难以到达的地方执行维修任务。它们可以用于各种建筑物，包括住宅、商业建筑和工业设施等。

复习思考题

　　1. 建筑机器人的驱动部分都包括什么？

　　2. 环境感知系统包括什么组件？

　　3. 按照任务类型，建筑机器人可以分为哪几类？

　　4. 建筑拆除机器人通常应用在什么场景？

第 **4** 章 ＞ 建筑机器人的控制技术

📖 本章要点及学习目标

1. 了解掌握建筑机器人运动控制的种类及实现机理。
2. 了解掌握人工智能技术在建筑机器人中的运用。
3. 了解掌握建筑机器人如何进行轨迹规划。
4. 了解掌握建筑机器人如何进行自主导航和定位。

4.1 建筑机器人控制

4.1.1 运动控制

建筑机器人的运动控制主要分为点位控制（Point to Point Control，PTP）和连续路径控制（Continuous Path Control，CP）两种。

1. 点位控制（PTP）

点位控制（PTP）是指对建筑机器人末端执行器在作业空间中某些规定的离散点上的位姿进行控制。在控制时，只要求建筑机器人能够快速、准确地在相邻各点之间运动，对点间运动轨迹无约束，仅关注起止点精度，定位精度和运动所需的时间是这种控制方式的两个主要技术指标。这种控制方式具有实现容易、定位精度要求不高的特点，因此常被应用在上下料、搬运、点焊和在电路板上安插元件等只要求目标点处保持末端执行器位姿准确的作业中。这种控制方式比较简单，但是要达到 $2\sim3\mu m$ 的定位精度是相当困难的。

2. 连续路径控制（CP）

连续路径控制（CP）又称连续轨道控制。这种控制方式是对工业机器人末端执行器在作业空间中的位姿进行连续的控制，要求其严格按照预定的轨迹和速度在一定的精度范围内运动，而且速度可控，轨迹光滑，运动平稳。建筑机器人各关节连续、同步地进行相应的运动，其末端执行器即可形成连续的轨迹。这种控制方式的主要技术指标是建筑机器人末端执行器位姿的轨迹跟踪精度及平稳性，常应用于弧焊、喷漆、去毛边和检测作业机器人的控制。

4.1.2 传感器融合和自适应控制

建筑机器人传感器融合和自适应控制属于智能控制。所谓传感器融合和自适应控制是指建筑机器人通过传感器获得周围环境的各种观测信息，并依赖在线学习与记忆网络实时更新策略。采用传感器融合和自适应控制技术，使建筑机器人具有较强的环境适应性及自学习能力。传感器融合和自适应控制技术的发展有赖于近年来人工神经网络、遗传算法、专家系统等人工智能技术的迅速发展。有了这种控制方式，建筑机器人才真正体现出了人工智能的特点，不过这种控制方式也是最难控制的，想要通过传感器融合和自适应控制技术实现建筑机器人的精确控制，除了要注重算法以外，也严重依赖于元件的精度。

4.1.3 动力学建模和控制

机器人动力学建模和控制是机器人学中的两个重要方面，它们分别涉及了机器人运动学（描述位置）和动力学（描述力和运动之间的关系）的研究。

1. 机器人动力学建模

动力学参数：包括机器人的质量、惯性、摩擦等物理特性。这些参数在建模过程中起到关键作用，因为它们决定了机器人的运动响应。

关节力矩：它表示机器人在各个关节上受到的扭矩或力。了解这些力矩与关节运动之间的关系对于控制机器人的运动非常重要。

运动方程：通过应用牛顿-欧拉方程等物理定律，可以建立描述机器人关节运动的微分方程。这些方程可以描述机器人的运动学和动力学行为。

建模方法：常用的建模方法包括牛顿-欧拉方法、拉格朗日方法、Kane 方法以及算子代数方法等。每种方法都有其适用的场景和优势。

对于同一个机器人，无论采用何种建模方法，最终得到的动力学模型都是等价的，可以表示为：

$$rdyn = D(q)\ddot{q} + C(q,\dot{q}) + G(q) \tag{4-1}$$

式中　$rdyn$——机器人关节的驱动力矩；
　　　$D(q)$——惯性项；
　　$D(q)\ddot{q}$——由于加速度 $\ddot{q}$ 产生的惯性力；
　　$C(q,\dot{q})$——科氏力及离心力项；
　　　$G(q)$——重力项。

每一项都是机器人惯性参数与关节运动参数的函数。

机器人的 10 个惯性参数可表示为向量的形式：$Piner = (I_{xx}, I_{xy}, I_{xz}, I_{yy}, I_{yz}, I_{zz}, H_x, H_y, H_z, m)$。其中，参数 $I_{xx} \sim I_{zz}$ 为机器人惯量矩阵 I 中的 6 个参数，$H_x \sim H_z$ 为 $H = m \times \overline{r_c} = m(r_{cx}, r_{cy}, r_{cz})$ 的 3 个分量（$\overline{r_c}$ 为质心向量）。上述 9 个量均包含在公式(4-1) 的 $D(q)$ 及 $C(q,\dot{q})$ 项内，m 表示质量，包含在 $G(q)$ 项内。

2. 机器人动力学控制

运动控制：通过控制关节电机的力矩或位置，使机器人实现所需的运动。这可能涉及闭环反馈控制系统，以纠正运动误差。

力/力矩控制：在特定任务中，机器人可能需要施加或抵抗外部力或力矩。动力学控制可以确保机器人在执行任务时保持所需的力和力矩。

轨迹跟踪：机器人可能需要按照预先规划的轨迹执行任务，运动控制（如 PID 控制、模型预测控制等）可以通过对关节电机的位置、速度或力矩进行实时调节，确保建筑机器人按照要求的轨迹精确移动。

稳定性与鲁棒性：控制算法必须保证机器人在不同工作条件下保持稳定，并具有一定的鲁棒性，以应对外部扰动和不确定性。

机器人动力学建模和控制的目标是使机器人能够准确、高效地执行各种任务，从简单的精确定位到复杂的运动控制与力和力矩控制任务。它们是实现智能、灵活机器人应用的关键技术。

4.2　建筑机器人的感知技术

4.2.1　视觉识别和跟踪

建筑机器人的环境感知、物体识别和跟踪是利用计算机视觉技术，使机器人能够感知周围环境、辨别物体并追踪它们的运动。这对于在建筑领域中进行各种任务非常重要，如自动化施工、安全监控等。

1. 环境感知

（1）视觉感知：视觉感知是最直观、最常用的感知方式之一。通过摄像头或立体视觉系统，机器人可以获取场景的图像或视频流。视觉感知可以用于物体检测、场景重建、特征提取等任务，为机器人提供了丰富的环境信息。

（2）深度感知：深度传感器如激光雷达（LiDAR）或结构光传感器能够提供场景中物体的距离信息，从而实现对环境的三维感知。这对于导航、障碍物避免等任务非常重要。

（3）声音感知：麦克风可以用于环境中声音的感知，包括声音的来源、强度等信息。在建筑工地上，这可以用于检测噪声水平、识别特定声音（如警报声）等。

（4）温度与湿度感知：温度与湿度传感器可以帮助机器人了解周围环境的气候条件，这对于某些任务（如有室内外温度差异的考虑）非常重要。

（5）气体感知：特定的传感器可以检测特定气体的浓度，例如一氧化碳、甲烷等。这对于安全监测和环境保护具有重要意义。

（6）姿态感知：陀螺仪和加速度计等传感器可以用于感知机器人自身的姿态和运动状态，从而更好地控制其运动。

（7）地图构建：利用环境感知数据，机器人可以构建环境的地图，包括地形、障碍物位置等信息，这对于路径规划和导航非常关键。

2. 物体识别

物体识别是利用目标检测、物体分割等技术，机器人可以识别出场景中的特定物体或物体类别，如墙壁、柱子、工具等。

3. 特征提取

特征提取是将图像中的特征提取出来，如边缘、角点等，以便用于后续的跟踪或其他任务。

4. 图像处理算法

图像处理算法是利用滤波、边缘检测、形态学等图像处理方法，对图像进行预处理，实现物体的识别或语言信息获取。

5. 物体跟踪

（1）运动追踪：通过连续帧间的比对，识别出物体的运动轨迹，从而实现对其运动状态的追踪。

（2）多目标跟踪：在复杂环境中，可能有多个物体需要跟踪，此时需要使用多目标跟踪算法，确保每个物体都能够被准确追踪。

（3）目标识别：持续跟踪过程中，对目标进行实时的形态学分析和识别，以确保其身份不会丢失。

（4）鲁棒性与实时性：跟踪算法需要具有一定的鲁棒性，能够应对光照变化、遮挡等情况，并保证实时性以应对快速变化的场景。

物体跟踪技术在建筑机器人中的应用可以使机器人更加灵活地适应各种工作场景，提高了自动化施工的效率，也可以用于安全监控等方面，为建筑行业带来了许多便利和创新。

4.2.2 深度学习和人工智能技术

建筑机器人的发展与深度学习和人工智能技术密切相关。深度学习是一种机器学习方法，其核心是通过模拟人脑神经网络的结构和工作方式来解决复杂的问题。以下是深度学习和人工智能技术在建筑机器人领域的应用：

1. 视觉感知与物体识别

利用卷积神经网络（CNN）等深度学习模型，建筑机器人可以实现对环境中物体的准确识别和分类。这在自动化施工、材料管理等方面有着重要的应用，能够提高工作效率。

2. 环境感知与三维建模

利用卷积神经网络等处理视觉数据（摄像头图像），实现物体识别、场景特征提取；同时通过深度学习分析激光雷达、结构光传感器等深度数据，构建高精度三维环境模型，为后续导航、操作提供基础环境信息。

3. 运动规划与路径规划

利用强化学习等技术，建筑机器人可以通过学习来制定最优的运动规划策略，以完成特定任务，比如在复杂工地环境中行走或操作。

4. 自主导航与定位建图

即时定位与地图构建（SLAM）是自主导航的核心技术，深度学习可优化 SLAM 系统的定位精度和地图鲁棒性，使机器人在未知工地环境中实现实时定位与自主移动，结合路径规划算法完成复杂场景导航。

5. 语音与自然语言处理

建筑机器人可以通过自然语言交互与人类进行沟通，从而接收任务指示或提供工作进度报告。深度学习在语音识别、语义理解等方面有着广泛的应用。

6. 安全监测与异常检测

借助深度学习技术，机器人可以通过视觉和传感器数据实时监测工地环境，识别危险因素并提前采取预防措施，保障工人的安全。

7. 任务规划与自主决策

强化学习和深度强化学习可以使机器人学会在复杂、动态环境中作出智能决策，以完成各种建筑任务。

总的来说，深度学习和人工智能技术为建筑机器人赋予了更强大的智能和自主能力，使其能够适应各种复杂、动态的工作场景，提高了建筑施工的效率和安全性。这些技术的不断进步也将推动建筑机器人在未来得到更广泛的应用。

4.3　建筑机器人运动控制技术

4.3.1　底盘运动数学模型

建筑机器人底盘常见的有四种。

1. 两轮差速底盘（Differential Drive Robot）

两轮差速底盘是现在应用最多的机器人底盘，有两个驱动轮、多个万向轮，靠差速转弯，有点像两轮平衡车。与平衡车不同的是，几个轮子在平面上已经平衡了，不需要考虑自平衡的问题。ROS（Robot Operating System，机器人操作系统）自带的 DWA（Dynamic Window Approach，动态窗口法）路径规划算法特别适合两轮差速底盘，它本身也可以原地旋转，很灵活，简单有效，所以应用很多。

想要做全自主移动的建筑机器人，就要估计建筑机器人的位置，这时就要用到里程计了。里程计的主要类型有轮式里程计、激光里程计、视觉里程计。轮式里程计就是把机器人在这个很小的路程里的运动可以看成直线运动。这里实际上是对速度做一个积分，正运动学模型（Forward Kinematic Model）将得到一系列公式，可以通过四个轮子的速度，计算出底盘的运动状态；而逆运动学模型（Inverse Kinematic Model）得到的公式则是可以根据底盘的运动状态解算出四个轮子的速度。该速度是由嵌入式设备测试得出的很短时间内的速度：

$$\Delta v = \frac{input \cdot \frac{2\Pi}{ppr} \cdot r}{\Delta t} \tag{4-2}$$

式中　Δv——轮子速度；

Δt——时间变量；

$input$——在时间内轮子编码器增加的读数；

ppr——编码器的线数；

r——轮子半径；

Π——圆周率。

式中的分子实际上是在算内轮子的平均线速度，但这只是其中一个轮子的速度，车子中心的速度实际是左轮的速度加右轮的速度的一半，即：

$$v = \frac{v_1 + v_r}{2}$$

式中　v——车子中心速度；

v_1——车子左轮速度；

v_r——车子右轮速度。

这个速度的估计精度和编码器的精度有很大关系，而且轮子不能打滑空转。求得小车的近似瞬间速度 v 后，以世界坐标系为原点，对 v 进行积分，即可得到机器人在世界坐标系中的位置。

2. 三轮全向轮底盘（Three-Wheel Omnidirectional Wheel Robot）

三轮全向轮底盘的三个全向轮分别相隔 120°，可以全方位移动。我们先以小车自身中心建立坐标系，如图 4-1 所示。

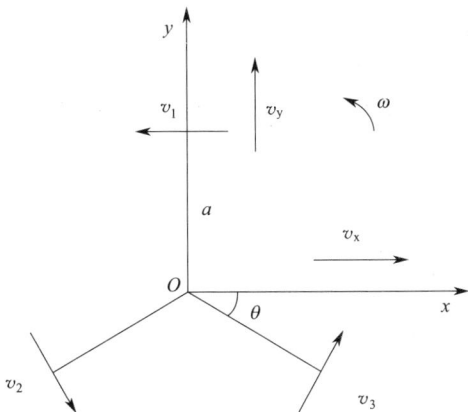

图 4-1　三轮全向轮底盘

图 4-1 中，v_1、v_2、v_3 分别为三个轮子的转速，ω 为旋转角速度，v_x、v_y 为车身坐标系中的速度，即相对速度（由于底盘速度性能与在世界坐标系中的姿态无关，因此此处为简化运算，取车身坐标系与世界坐标系 x，y 方向重合），a 为旋转中心到轮轴心的垂直距离，θ 为轮轴与 x 轴的夹角，$\theta = \pi/6$。不难得出各轮速度的转换矩阵为：

$$\begin{bmatrix} v_1 \\ v_2 \\ v_3 \end{bmatrix} = \begin{bmatrix} -1 & 0 & a \\ \sin\dfrac{\Pi}{6} & -\cos\dfrac{\Pi}{6} & a \\ \sin\dfrac{\Pi}{6} & \cos\dfrac{\Pi}{6} & a \end{bmatrix} \begin{bmatrix} v_x \\ v_y \\ \omega \end{bmatrix}$$

然后求逆得：

$$\begin{bmatrix} v_x \\ v_y \\ \omega \end{bmatrix} = \begin{bmatrix} -\dfrac{2}{3} & \dfrac{1}{3} & \dfrac{1}{3} \\ 0 & -\dfrac{\sqrt{3}}{3} & \dfrac{\sqrt{3}}{3} \\ \dfrac{1}{3a} & \dfrac{1}{3a} & \dfrac{1}{3a} \end{bmatrix} \begin{bmatrix} v_1 \\ v_2 \\ v_3 \end{bmatrix}$$

现在就可以根据三个轮子的轮速来确定。

3. 四轮全向轮底盘（Four-Wheel Omnidirectional Wheel Robot）

四轮全向轮底盘的每个轮子相互垂直，成十字形摆放的时候刚好是一个十字坐标系，不过为了轴向的性能更好，一般使用 X 形，如图 4-2 所示。

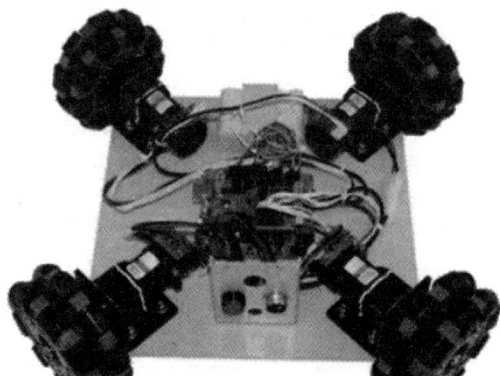

图 4-2　四轮全向轮底盘

4. 四轮麦克纳姆轮底盘（Four-Wheel Mecanum Wheel Robot）

四轮麦克纳姆轮底盘非常出名，Robomaster 就是用的这种轮子，可以像正常车轮子那样前面两个轮后面两个轮摆放，如图 4-3 所示。

图 4-3　四轮麦克纳姆轮底盘

四个麦克纳姆轮有几种摆放方式，最常见的为长方形，即图 4-3 的样式。下面来看它的运动学：先对其进行定义，v_i 是第 i 个轮子的转速。向左为 x 轴正方向，向前为 y 轴正方向，轮子速度也被定义为向前是正方向。

图 4-4 是当底盘沿着 y 轴平移时的情况，F_1，F_2，F_3，F_4 为四个方向产生的力，v_{w_1}，v_{w_2}，v_{w_3}，v_{w_4} 为四个方向的速度，其沿 x 轴的分力会相互抵消，只剩下沿 y 轴的合力，最后计算合起来的速度也正好等于轮子转速，所以，y 轴方向的速度 v_{t_y} 就是轮子转速。即：

$$\begin{cases} v_{w_1} = v_{t_y} \\ v_{w_2} = v_{t_y} \\ v_{w_3} = v_{t_y} \\ v_{w_4} = v_{t_y} \end{cases}$$

如此，可以想象得到当底盘沿着 x 轴平移时有：

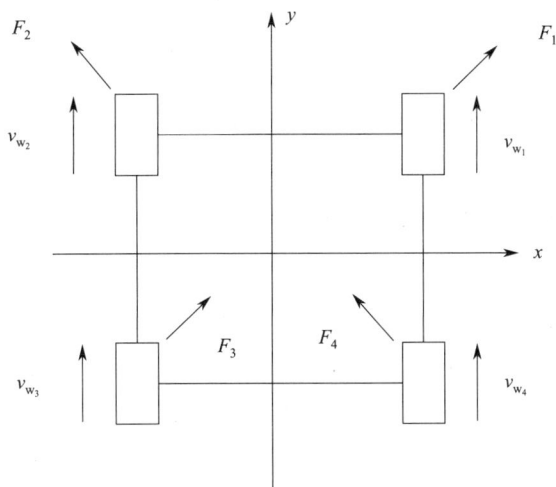

图 4-4　四轮麦克纳姆轮动力学

$$
\begin{cases}
v_{w_1} = -v_{t_x} \\
v_{w_2} = +v_{t_x} \\
v_{w_3} = -v_{t_x} \\
v_{w_4} = +v_{t_x}
\end{cases}
$$

v_{t_x} 表示沿 x 轴方向的速度分量，正负号表示方向（正方向为向右，负方向为向左）。当底盘绕几何中心自转时：

$$
\begin{cases}
v_{w_1} = +w(a+b) \\
v_{w_2} = -w(a+b) \\
v_{w_3} = -w(a+b) \\
v_{w_4} = +w(a+b)
\end{cases}
$$

所以综上有公式得：

$$
\begin{cases}
v_{w_1} = v_{t_y} - v_{t_x} + w(a+b) \\
v_{w_2} = v_{t_y} + v_{t_x} - w(a+b) \\
v_{w_3} = v_{t_y} - v_{t_x} - w(a+b) \\
v_{w_4} = v_{t_y} + v_{t_x} + w(a+b)
\end{cases}
$$

4.3.2　建图定位

建筑机器人的建图定位是其在工作环境中准确导航和执行任务的基础。这一过程包括了构建环境地图以及确定机器人在地图中的位置。以下是建筑机器人建图定位的关键步骤：

（1）环境感知：使用传感器如激光雷达、摄像头等获取周围环境的信息。这包括了测量物体的位置、识别障碍物等。

（2）地图构建：利用感知到的数据，建立一个精确的环境地图。这可以是二维平面地图，也可以是三维地图，具体取决于工作需要。

（3）特征提取：特征提取是建筑机器人建图定位过程中至关重要的一步。它涉及从环境感知数据中抽取出具有代表性和区分性的信息，以便用于后续的分析和定位。在特征提取阶段，建筑机器人会利用传感器获取到的数据，例如激光雷达扫描的点云数据或视觉图像，通过一系列的处理步骤来识别和提取出环境中的关键特征点。这些特征点可以包括但不限于：①角点和边缘：通过分析传感器数据中的局部变化，机器人可以识别出墙壁的角点和边缘，这些特征对于构建精确的地图非常关键。②门窗位置：利用视觉传感器，机器人可以识别出环境中的门和窗的位置，这些信息可以成为地图中的显著标志。③高度信息：如果机器人配备了高度感知器，它可以识别出不同物体的高度信息，如柱子、障碍物等。④纹理和颜色信息：在视觉数据中，机器人可以分析物体的纹理和颜色，这些信息可以用于区分不同的表面和物体。⑤地面点：通过分析激光雷达数据，机器人可以提取出地面点，这对于建立平面地图非常重要。特征提取的目的是将原始的感知数据转化为更高层次的信息，从而使得地图构建和定位过程更加高效和准确。在特征提取的基础上，建筑机器人可以更好地理解周围环境的结构，为后续的定位算法提供了重要的输入。这使得建筑机器人能够在复杂的工作环境中实现精确导航和任务执行。

（4）地图更新：周期性地更新地图，以适应环境的变化。这可以通过持续地感知和对比来实现。

（5）定位算法：使用定位算法确定机器人在地图中的位置。常用的方法包括概率定位、扩展卡尔曼滤波（EKF）等。

（6）自标定：机器人可能会定期进行自标定，以纠正传感器误差，提高定位的准确度。

（7）路径规划：利用建立好的地图，机器人可以进行路径规划，确定如何从当前位置移动到目标位置。

（8）闭环检测：闭环检测在建筑机器人的建图定位过程中扮演着至关重要的角色，它是一个用于验证机器人当前位置准确性的关键环节。通过与先前获取的地图信息进行比对，可以及时纠正可能存在的误差。在闭环检测阶段，建筑机器人会将当前的感知数据与之前记录的地图信息进行对比。这包括了位置、姿态等方面的比对，以确保机器人没有发生偏离或漂移。具体来说，闭环检测包括以下几个关键步骤：①当前位置获取：机器人使用定位算法得出当前的位置估计值。②地图匹配：将当前位置的估计值与先前构建的地图进行匹配，找到在地图上对应的位置。③位置比对：对比机器人当前的位置与地图上对应位置的差异，包括位置偏移、姿态变化等。④误差计算：计算当前位置与地图上对应位置之间的误差，以确定是否存在显著的漂移或偏离。⑤调整和校正：如果检测到位置误差超出了预设阈值，机器人将进行相应的调整和校正，以确保其在地图上的位置准确无误。⑥状态更新：更新机器人的状态信息，包括位置、姿态等，以便在后续的导航和任务执行中能够基于最新的位置信息进行。

通过闭环检测，建筑机器人可以不断地校正自身的位置，避免了由于累积误差导致的定位偏差。这使得机器人能够在长时间的工作过程中保持高精度的定位，从而确保了任务的顺利执行和地图的准确性。闭环检测是建筑机器人系统稳定性和可靠性的重要保障措施。在闭环检测阶段，建筑机器人会将当前的感知数据与之前记录的地图信息进行对比。

这包括了位置、姿态等方面的比对，以确保机器人没有发生偏离或漂移。

（9）故障容错：设计一些机制以应对在建图定位过程中可能出现的异常情况，如传感器故障或者环境变化。在一台自动砌砖机器人中，设计了多重故障容错机制，以确保在发生故障时仍能保证砌砖作业的安全和顺利进行。机器人配备了用于测量位置、距离等信息的传感器，如激光传感器、视觉传感器等。故障检测系统会定期监测这些传感器的状态和输出，如果发现某个传感器出现故障或失效，系统将记录该故障并进行相应处理。如果砖块供给系统出现问题，例如砖块堆放不当或者输送机故障，机器人会通过传感器检测到异常，并立即停止砌砖作业，同时向操作员发送警报。在砌砖过程中，通过定期的位置校准，机器人可以确保砌砖的准确度。如果发现偏差超出了可接受范围，机器人会自动停止作业并向操作员报警。如果砂浆供给系统发生故障，例如砂浆泵失效或管道堵塞，机器人会立即停止作业并发出警报，以避免对砌砖质量造成影响。机器人设计了紧急停止按钮和安全回退程序，操作员可以在发生严重故障或危险情况时立即停止机器人的运行，并采取必要的紧急措施。通过远程连接，可以实时监测机器人的运行状态，并在出现故障时远程干预，为解决问题提供支持。这个案例中，自动砌砖机器人通过设计多重故障容错机制，确保在发生故障时能够保证砌砖作业的安全和有效进行。

建筑机器人通过建图定位，能够在复杂的工作环境中精确导航，从而高效地完成各种任务，提高施工的效率和质量。这一过程是建筑机器人智能化的基础，也是其在实际应用中的关键技术之一。

4.3.3 轨迹跟踪

建筑机器人轨迹跟踪是建筑机器人运动控制中的关键技术，它主要关注如何使机器人的实际运动轨迹精准跟随预设的期望轨迹，同时应对外部扰动和系统误差等约束条件。轨迹跟踪的目的是让机器人在运动过程中，其位置、速度、加速度等状态与期望轨迹保持一致，即使在复杂工况下也能保证运动的平稳性和精度。

建筑机器人轨迹跟踪对于建筑机器人运动控制的重要性主要体现在以下几个方面：

（1）作业精度：轨迹跟踪能够确保机器人按照预设轨迹完成精细操作，如墙体抹灰的平整度控制、构件安装的对位精度等，保证施工质量。

（2）安全性：精准的轨迹跟踪可避免机器人在运动中偏离安全范围，防止与周围设备、人员或建筑结构发生碰撞，保障作业安全。

（3）效率提升：稳定的轨迹跟踪能减少运动过程中的调整时间和能量损耗，使机器人以更优的状态完成任务，提高施工效率。

（4）动态适应性：面对地面不平、负载变化等动态干扰时，轨迹跟踪算法能实时调整控制量，维持轨迹跟随性能，确保任务连续执行。

（5）协同作业能力：在多机器人协同施工场景中，轨迹跟踪可保证各机器人运动轨迹的协调性，避免作业冲突，提升整体协同效率。

常见的轨迹跟踪算法包括：

（1）PID控制算法：通过比例、积分、微分环节的组合，根据实际轨迹与期望轨迹的偏差实时调整控制输出，结构简单、响应迅速，适用于工况相对稳定的建筑机器人（如地面搬运机器人）。

（2）模型预测控制（MPC）：基于机器人动力学模型，通过滚动优化求解未来一段时间的最优控制序列，能有效处理系统约束（如速度、加速度限制），适用于复杂动态环境下的轨迹跟踪（如高空作业机器人）。

（3）滑模控制：通过设计特定的滑模面，使系统状态沿滑模面运动，对参数变化和外部扰动具有强鲁棒性，适用于存在不确定性的场景（如履带式机器人在泥泞地面的轨迹跟踪）。因此，建筑机器人轨迹跟踪在保证施工精度、提升作业安全性、增强动态适应性及支持协同作业等方面发挥着重要作用，是实现建筑机器人高精度自主运动的核心技术之一。

4.3.4　轨迹规划

建筑机器人轨迹规划（Trajectory Planning）是指通过算法和技术规划机器人在建筑工地上的移动路线，以实现高效、安全、精准的施工作业。在建筑机器人轨迹规划中，需要考虑到工地环境的动态变化、机器人的动力学特性、工程施工的特殊要求以及人机协作等多方面因素。

以下是一些常见的建筑机器人轨迹规划的技术和方法：

（1）路径规划算法：采用各种不同的路径规划算法，如 A* 算法、Dijkstra 算法、RRT（Rapidly-Exploring Random Tree）算法、RRT* 算法等，这些算法通常用于解决不同类型的路径规划问题，如寻找最短路径、避开障碍物、遵循特定约束条件等，用于在复杂的建筑环境中寻找最优或者满足特定约束条件的路径。

1）A* 算法：A* 算法是一种广泛应用的启发式搜索算法，通常用于在图形结构中寻找最短路径。它基于估计的成本函数来决定搜索方向，并在尽可能短的时间内找到最优路径。在建筑机器人轨迹规划中，A* 算法可以用于在动态环境中找到最短路径，并避开障碍物，以便机器人能够快速而安全地移动。

2）Dijkstra 算法：Dijkstra 算法是一种经典的基于图的搜索算法，用于寻找图中节点之间的最短路径。它适用于没有负权重边的情况，并通过不断更新起始节点到各个节点的距离来找到最短路径。在建筑机器人轨迹规划中，Dijkstra 算法可以用于计算机器人到目标位置的最短路径，并确保机器人能够按照最经济的方式进行移动。

3）RRT 算法：RRT 算法是一种常用的基于概率的路径规划算法，特别适用于高维空间中的快速路径探索。它通过随机采样空间中的点，并逐步扩展树结构来构建路径，如图 4-5 所示。在建筑机器人轨迹规划中，RRT 算法可用于探索复杂的建筑环境，并找到可行的路径，从而实现机器人的自主导航和规划。

4）RRT* 算法：RRT* 算法是对 RRT 算法的改进，通过优化树的生长方式和路径的选择，可以得到更优的路径规划结果。它引入了最优化方法，以改进原始 RRT 算法的搜索效率和路径质量。在建筑机器人轨迹规划中，RRT* 算法可以用于生成更加平滑和高效的路径，以实现机器人在复杂环境中的精准导航和移动。

（2）传感器技术：利用激光雷达、摄像头、惯性导航系统等传感器技术，实时感知和理解周围的环境，包括障碍物、建筑结构等，以便机器人能够作出相应的规划和调整。

（3）动态障碍物避障：考虑到建筑工地中常常存在移动的障碍物，需要设计机器人能

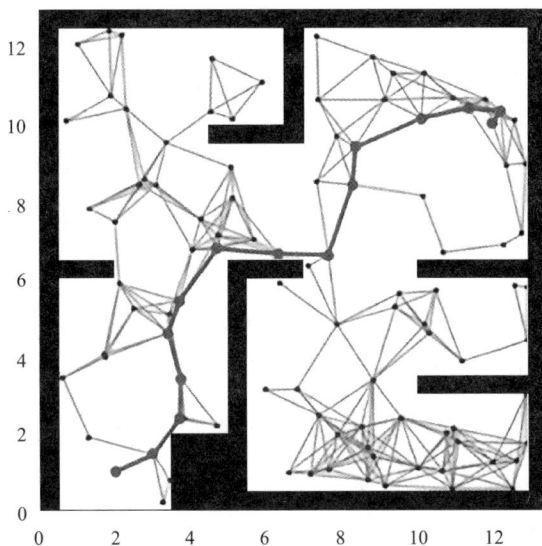

图 4-5　路径规划算法——RRT 算法

够实时识别并规避这些障碍物的策略和方法，比如基于感知的避障、运动预测、轨迹规划调整等。一个常见的运动障碍物避障的例子是基于感知和动态规划的避障策略。在建筑机器人的场景中，这种策略可以确保机器人能够在施工现场中灵活避开移动的障碍物，比如移动的设备、工人或其他机器人。这种基于感知和动态规划的避障策略可以帮助建筑机器人在动态、复杂的工地环境中安全、高效地操作。通过持续的感知和路径调整，机器人能够灵活地避开运动障碍物，从而确保施工过程的顺利进行。

（4）实时路径调整：对于建筑施工过程中经常变化的情况，机器人需要具备实时调整路径的能力，以适应施工环境的动态变化，比如基于实时感知和计划的路径调整策略。

（5）高精度定位技术：利用高精度定位技术，如全球导航卫星系统（GNSS）、惯性测量单元（IMU）、视觉里程计等，确保机器人在建筑工地中能够精准地定位和导航。

综合利用上述技术和方法，可以实现建筑机器人在复杂工地环境中的高效、安全、精准的轨迹规划和导航。

4.4　建筑机器人的定位系统

4.4.1　运动和定位控制系统

建筑机器人的运动控制系统，通常由驱动器、控制器、传感器三部分组成。常见的运动控制器如下：

1. 独立式运动控制器

独立式运动控制器配有显示屏、按键和功能完善的控制指令，并有各种通信接口，控制电动机运动的能力比 PLC 强大，可完成直线插补、圆弧插补、轨迹控制等功能，且编程简单。目前，国外的运动控制器都具有现场总线控制功能。

2. PCI 总线型运动控制卡

由于 PC 机运算速度快、存储量大，而且 Windows 操作系统的软件资源丰富，采用 VB、VC 等软件编写用户程序，功能十分强大。很多自动化设备都离不开 PC 机，特别是采用机器视觉检测的自动化设备、需要运行 AutoCAD 等大型软件的设备和需要采集存储生产数据的设备等，因此，这些设备采用基于 PC 机的 PCI 总线型运动控制卡与 PC 机一起组成运动控制器。在所有的运动控制器中，运动控制卡的功能最强，但其工作的稳定性和可靠性较差。

3. 专用运动控制器

专用运动控制器是针对特定的设备专门设计的运动控制器，如绣花机控制器、缝纫机控制器、喷绘机控制器等。专用运动控制器通常以单片机、ARM 等芯片为核心设计，其特点是集成度高、价格便宜、使用方便，软件是为专用设备特殊设计的，客户可直接使用。其硬件、软件的设计都充分考虑了专用设备的工艺要求。

相对于专用运动控制器而言，独立式运动控制器、PCI 总线型运动控制卡被称为通用运动控制器。

运动控制系统按结构分类可分为：

1. 集中式控制系统

X、Y、Z 三轴的伺服电动机由运动控制卡及电动机驱动器控制。运动控制卡内置于工业控制器（Motion Controller）。操作员将电路板的设计图文件输入计算机，可得到电路板上各孔位的坐标数据。运动控制器的应用软件使用路径规划模块自动生成运动距离最短的钻孔路径。

根据此钻孔路径，应用软件调用一系列运动指令让运动控制卡产生相应的脉冲信号和方向信号控制伺服电动机驱动器，驱动器产生相应的电流驱动伺服电动机旋转，丝杠推动平台运动，使 X、Y 轴协调运动至各个孔的坐标位置，然后 Z 轴控制钻头完成钻孔动作。电路板自动钻孔机和手工钻孔相比较：X、Y 轴平台运动代替了工人的左手调整电路板位置的动作；Z 轴平台运动代替了工人的右手操作机器使钻头上下运动的动作；运动控制器代替了工人的大脑控制整个钻孔过程。而且，自动钻孔设备运动轨迹钻孔速度可达 300 孔/min 以上，钻孔精度可达±0.030mm。

2. 分布式控制系统

分布式控制系统的特点是集中管理、分散控制，故也称为集散控制系统。它一般分为三层：工作站层、控制层、设备层。

工作站层的作用是监督管理控制层完成系统的基本控制功能。分散控制使得系统的可靠性提高，局部的故障不会对整个系统造成重大损失。

由于分布式控制系统为多级主从结构，低层单元之间进行信息交流必须经过主机，从而使主机负担过重，效率降低。一旦主机发生故障，整个系统就会瘫痪。分布式控制系统的通信多基于串行通信接口，速度较慢，而且通信协议较封闭，这极大地约束了系统的集成和应用。

3. 现场总线控制系统

基于以太网的现场总线控制系统，运动控制系统按处理器芯片不同可分为：

（1）基于计算机标准总线运动控制器

它利用计算机硬件和独立于计算机的运动控制板卡相结合而构成，与编程人员编写的控制程序相配合，使其具备高速的数据处理特性。运动控制板卡与计算机的总线连接形式有 PCI、PCI-E、并口、RS232 接口和 USB 接口。运动控制器主要使用 DSP 或者 FPGA 等专用芯片，主要控制程序如轨迹规划、高速插补、伺服控制专用 I/O 等主要都运行在专用芯片上。通常使用者可以根据其开放的函数库，在 Windows 和 Linux 等平台下自行开发应用软件。

（2）软开放式运动控制器

软开放式运动控制器是基于 PC 的运动控制，其所有的运动控制软件都安装在 PC 上，其硬件部分包括上位机 PC 和下位机负责具体发送与接收控制指令的外部 I/O。在操作系统平台，开发者在实时核内，开发运动控制模块，可操作性和灵活性大大增加。由于使用的是大规模制造的 PC 降低了制造成本，基于操作系统开发的软件，改造和升级灵活，为开发人员提供了一个开放性的开发平台。

（3）嵌入式结构的运动控制器

嵌入式控制器的特点是把 PC 上运行的系统移植到了里面，各硬件专用性强，它可以独立运行系统。控制器与控制器之间可以通过总线方式进行通信，在工业自动化当中广泛应用。

运动控制系统按控制方式可分为：

1. 开环控制系统

这类系统应用最广泛，为数字式运动控制系统，通常都采用步进电动机。操作者接通机器电源并按下自动加工按钮后，运动控制器根据自动加工程序向电动机驱动器发送指令脉冲 P。驱动器采集指令脉冲的频率、脉冲数，并对控制信号进行功率放大，通过调节步进电动机线圈的电流 I 从而控制步进电动机的运动。步进电动机将电流信号转换为机械运动，输出相应的转速和转角 a；传动机构将电动机输出的转角信号转换为运动平台的位移量 x。

2. 半闭环控制系统

这类系统也是数字式系统。其系统中的电动机都配有旋转编码器，它将电动机输出的转速、转角信号反馈到电动机驱动器中，在电动机驱动器闭环控制下，可以确保电动机输出的转角位置十分精确。目前交流伺服电动机、直流伺服电动机以及部分步进电动机都配有旋转编码器，其驱动器都具有位置闭环控制功能。

3. 全闭环控制系统

这种系统的运动平台上安装了光栅尺，用于检测平台的实际位置，并反馈给运动控制器。控制器根据反馈信号随时调整发给电动机驱动器的信号，使运动平台的误差始终控制在精度范围以内。

对于全闭环控制系统，其传动机构、运动平台和负载产生的各种误差都即时反馈到运动控制器中，并能立即得到补偿，所以该类系统具有控制精度高的特点。

全闭环控制系统多为模拟式系统，现在也有数字式闭环控制系统。

4.4.2 建筑机器人的路径规划

建筑机器人的路径规划是指在给定起点和终点的情况下，确定机器人在工作环境中如何移动以达到目标位置的过程。这个过程需要考虑到环境中的障碍物、地形、机器人的运动能力等因素，以保证机器人能够安全、高效地完成任务。以下是建筑机器人路径规划的关键步骤：

（1）地图引用：建筑机器人会使用之前构建的地图作为基础。这张地图包含了环境的结构、障碍物的位置等信息。

（2）起点和终点确定：确定任务的起点和终点，也就是机器人的当前位置和目标位置。这可以由操作员指定，也可以通过自动识别算法确定。

（3）障碍物检测：机器人根据地图信息和实时的环境感知数据，检测当前位置周围的障碍物，如墙壁、设备、材料等。

（4）路径生成：这一阶段的目标是确定一条从起点到终点的可行路径，使得机器人能够避开障碍物，遵循地图上的通道，安全、高效地到达目的地。基于起点、终点和障碍物信息，建筑机器人使用路径规划算法生成一条可行的路径，如图 4-6 所示，使得机器人能够避开障碍物、遵循地图中的通道前进。通过生成有效的路径，建筑机器人可以获得一条可行的初始路径，为后续的路径优化和执行提供了基础。这使得机器人能够在复杂的工作环境中安全、高效地移动，从而完成各种任务，提高施工效率和质量。路径生成是建筑机器人系统实现自主导航的重要一环。

（5）路径优化：生成的初始路径可能不是最优的，因此机器人可以应用路径优化算法，以减少路径长度或最小化机器人运动的成本。

（6）避免拥堵：在多机器人或多任务环境中，路径规划可以考虑避免拥堵情况，以保证所有机器人能够顺利执行任务。

（7）避障策略：在路径执行的过程中，如果遇到未预料到的障碍物，机器人会根据实时感知信息调整路径，避免碰撞或运动中断。

（8）实时更新：在长时间任务中，环境可能会发生变化，因此建筑机器人会定期对路径进行实时更新，以适应新的环境条件。

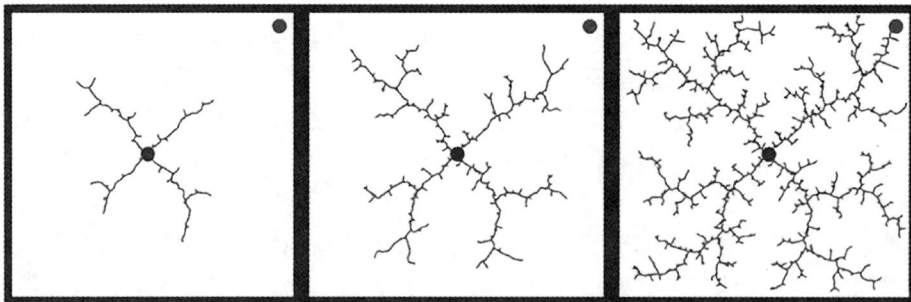

图 4-6　路径规划算法——快速探索随机树

4.4.3　机器人的自主导航和定位技术

建筑机器人的自主导航和定位技术是实现其在复杂环境中准确移动和执行任务的核心能力。以下是涵盖了自主导航和定位技术的关键方面：

（1）传感器技术：建筑机器人通常搭载多种传感器，如激光雷达、摄像头、惯性导航单元等，用于感知周围环境、检测障碍物、获取位置信息等。

（2）SLAM 技术：允许机器人在未知环境中实时地构建地图并确定自身位置。通过融合传感器数据和运动信息，机器人能够同时完成定位和地图构建的任务。

（3）定位算法：使用定位算法来将传感器数据与地图信息相结合，计算出机器人在环境中的准确位置和姿态信息。常用的算法包括扩展卡尔曼滤波（EKF）、粒子滤波等。

（4）路径规划：基于环境地图和定位信息，建筑机器人需要选择一条合适的路径以到达目标位置。路径规划算法包括 A^* 算法、Dijkstra 算法等，也可结合动态窗口法、RRT 算法等方法。

（5）避障策略：机器人需要实现在移动过程中避免障碍物的能力，这可能涉及静态障碍物的避免，也可能包括动态障碍物的实时响应。

（6）闭环检测与校正：通过与地图进行比对，机器人可以检测到自身位置存在的误差或漂移，并在需要时进行校正，以保证定位的准确性。

（7）故障容错技术：建筑机器人需设计一些机制以应对在自主导航和定位过程中可能出现的异常情况，如传感器故障或者环境变化。

（8）实时更新地图：随着时间的推移，环境可能会发生变化，建筑机器人需要能够实时更新地图以保证准确导航。

（9）机器人状态监测：监测机器人的各项状态，包括电池电量、传感器状态、执行器状态等，以保证机器人在导航过程中的稳定运行。

综上所述，建筑机器人的自主导航和定位技术是一个综合性的系统工程，涵盖了多个方面的技术和算法。这些技术共同确保了机器人在复杂的建筑环境中能够安全、高效地移动和执行任务。

4.4.4　建筑环境下的运动和定位问题

在建筑环境下，建筑机器人的运动和定位问题是极具挑战性的，因为建筑工地通常存在复杂的地形、动态的障碍物和多变的工作场景。为了解决这些问题并保证建筑机器人能够高效、安全地执行任务，需要考虑以下几个方面的细节：

1. 高精度定位系统的应用

为了确保建筑机器人在建筑环境中准确定位，常常需要采用高精度的定位系统。这包括利用全球导航卫星系统（GNSS）进行精确定位，以及结合惯性导航系统（IMU）和视觉里程计等多种传感器，以提供更加准确的定位和姿态信息。这些系统的整合可以帮助建筑机器人在不同的场景下保持高度的定位精度。

2. 智能环境感知技术的应用

在复杂的建筑工地环境中，建筑机器人需要能够实时感知和理解周围的环境。通过激光雷达、摄像头、红外传感器等多种感知设备，机器人可以获取建筑工地中障碍物、人员、其他机器人以及建筑结构等信息。这种智能感知技术有助于机器人准确理解环境，从而更好地规划运动轨迹和避免潜在的碰撞风险。

3. 灵活的运动规划和控制策略

针对建筑机器人的多样化任务需求和复杂环境变化，需要设计灵活的运动规划和控制策略。这可能涉及采用先进的路径规划算法，如 A^* 算法、Dijkstra 算法、RRT 算法等，结合实时环境感知数据进行路径优化和动态调整。通过设计运动控制策略，机器人可以在不同的施工场景中实现高效且安全的运动和操作。

4. 机器人的自适应能力与动态障碍物避让

建筑机器人需要具备一定的自适应能力，能够根据不同的地形和工地条件灵活调整自身的运动模式和行为。同时，它们需要能够即时识别和避开动态障碍物，如移动的工人、设备或材料。这需要机器人具备实时感知和快速决策的能力，以保障工地作业的顺利进行并确保安全性。

通过综合运用高精度定位系统、智能环境感知技术以及灵活的运动规划与控制策略，建筑机器人可以在复杂多变的建筑工地环境中高效运行，并完成各类施工任务。这些技术和策略的应用将不仅提高建筑工地施工的效率，还能有效提升工作安全性。

4.5　建筑机器人的控制系统集成

建筑机器人控制系统的功能是接收来自传感器的检测信号，根据操作任务的要求，驱动机械臂中的各台电动机就像人的活动需要依赖自身的感官一样，机器人的运动控制离不开传感器。机器人需要用传感器来检测各种状态。机器人的内部传感器信号被用来反映机械臂关节的实际运动状态，机器人的外部传感器信号被用来检测工作环境的变化。所以机器人的神经与大脑组合起来才能构成一个完整的机器人控制系统。

4.5.1　硬件和软件系统架构

建筑机器人控制系统的硬件和软件系统架构通常包括多个组件和模块，用于管理和控制机器人的运动、感知、决策和执行等功能。以下是建筑机器人控制系统常见的硬件和软件系统架构要素：

1. 建筑机器人控制系统硬件架构

在建筑机器人的硬件系统架构中，不仅需要考虑各种感知和执行器件的功能，还需要确保它们能够高效地协同工作，以实现建筑机器人在复杂的工地环境中的精准操作和移动。建筑机器人硬件系统架构主要包括四个单元：

（1）运动控制单元

这个单元包括了处理机器人运动的所有组件，如电机驱动器用于控制轮子或关节的运动，运动控制器用于执行运动轨迹和速度控制，并且执行器用于实际的机械操作，如举升、旋转或推动。运动控制单元负责将软件算法生成的指令转换为机械运动，从而实现机器人的精准定位和操作。

（2）感知与导航单元

这个单元包括了各种类型的传感器，用于感知机器人周围的环境。其中包括激光雷达用于检测障碍物和测量距离，摄像头用于视觉识别和跟踪，惯性测量单元用于测量机器人的加速度和角速度，以及全球导航卫星系统（GNSS）用于定位和导航。这些传感器共同作用，为机器人提供精确的环境感知和定位信息，以便机器人能够准确地规划路径和避开障碍物。

（3）通信模块

建筑机器人通常需要与外部系统进行通信，如控制中心或监控系统。因此，通信模块负责机器人内部各组件之间的通信，同时负责机器人与外部系统之间的数据交换和通信。这通常包括无线通信模块，如 Wi-Fi、蓝牙或移动通信网络以及以太网通信模块，用于实现高速和可靠的数据传输和通信。

（4）能源供应单元

这个单元负责为机器人提供所需的能源，以保证机器人在工作过程中持续运行。能源供应单元通常包括电池或电源管理模块，用于管理和控制电源的供应和使用。它需要确保机器人能够在工地上长时间工作，并在需要时进行充电或更换电池。

2. 建筑机器人控制系统软件架构

在建筑机器人的软件系统架构中，各种软件模块和算法相互配合，以实现机器人的精准定位、智能感知、高效运动控制和决策能力，主要分为以下六个部分：

（1）操作系统

操作系统是建筑机器人软件系统的基础，通常采用实时操作系统（RTOS）、嵌入式操作系统或机器人操作系统（ROS）。其中，ROS(Robot Operating System) 是一种适用于机器人开发的开源操作系统框架，它提供了硬件抽象、进程间通信、数据包管理等功能，支持模块化开发和组件复用，能便捷地整合传感器数据处理、运动控制、路径规划等模块，尤其适合多传感器融合、多机器人协同的建筑机器人开发场景。无论是实时操作系统、嵌入式操作系统还是 ROS，均用于管理硬件资源、调度任务和进程，并提供基本的系统功能，负责确保各个软件模块之间的协调运行，保证机器人在复杂的环境中能够稳定运行和响应控制指令。

（2）感知与定位算法

这些算法负责处理由传感器获取的数据，并对环境信息进行解析和分析，以实现机器人的精准感知和定位。其中包括图像处理算法用于图像识别和分析，SLAM 算法用于实时地图构建和定位，以及各种传感器融合算法用于融合多种传感器数据，提高定位的准确性和可靠性。

（3）路径规划与导航算法

这些算法负责计算机器人的最佳路径规划和导航策略。包括基于 A^* 算法、Dijkstra 算法或 RRT 算法等的路径规划算法，用于寻找最优路径或避开障碍物的路径。导航算法用于根据路径规划结果指导机器人的运动控制，以实现精准导航和移动。

（4）控制算法

控制算法负责控制机器人的运动、姿态调整以及执行各项任务。这包括运动控制算法用于控制电机驱动器和执行器，姿态控制算法用于保持机器人的稳定性和平衡性，以及任务执行算法用于根据不同任务的需求执行相应的操作和动作。

（5）人机交互界面

人机交互界面是建筑机器人软件系统的重要组成部分，它提供直观的操作界面，使操作员能够监控和控制机器人的运动和工作状态。这通常包括可视化界面、触摸屏界面和远程监控界面，以便操作员能够实时了解机器人的工作情况并进行必要的控制和调整。

（6）故障诊断与安全保障

故障诊断与安全保障模块负责监测机器人的工作状态，并根据预设的安全规则和逻辑进行故障检测和诊断。它可以帮助实时检测潜在的故障和风险，并采取相应的安全措施，以保障机器人和周围环境的安全。

以上硬件和软件系统架构的要素通常在建筑机器人中相互配合，共同完成机器人的运动控制、环境感知、决策和执行等任务，从而确保机器人能够高效、安全地完成各项建筑工作。

4.5.2　通信和数据管理

建筑机器人的控制系统通常采用一种分布式的通信和数据管理架构。

在通信方面，可以使用无线通信技术，如 Wi-Fi、蓝牙、5G 以及 LoRA 等，来实现机器人内部模块之间的通信。同时，机器人也可以通过有线连接接入网络，与外部系统进行通信。通过这种方式，机器人可以接收来自操作员、监控中心或其他外部控制设备的指令，并将传感器数据和执行结果反馈回去。

在数据管理方面，可以采用分布式数据库系统或云计算平台来进行数据的存储和管理。将机器人内部的传感器数据、图像、地图等信息上传到云端，可以实现数据的集中管理和实时监控。同时，借助/使用数据分析和挖掘技术，可以对大量数据进行处理和分析，从而提取有价值的信息，用于优化机器人的控制策略和决策。

此外，为了确保通信的安全性和稳定性，可以采用数据加密、认证和访问控制等技术，保护机器人系统的机密信息和操作指令的安全。

总之，建筑机器人的控制系统通信和数据管理涉及多种技术和方法，可以根据具体需求和场景来选择和设计合适的解决方案。

4.5.3　控制算法和软件开发

建筑机器人控制中常见的算法包括七种：

（1）比例控制（Proportional Control）：通过调节控制器的输出，使得机器人位置、速度、加速度等变量与设定值之间的误差比例缩减。

（2）积分控制（Integral Control）：通过调节控制器的输出，使得机器人位置、速度、加速度等变量与设定值之间的误差积分值缩减。

（3）微分控制（Differential Control）：通过调节控制器的输出，使得机器人位置、速度、加速度等变量与设定值之间的误差微分值缩减。

（4）模型参考自适应控制（Model Reference Adaptive Control）：通过调整控制器参数，使得机器人行为与设定模型尽可能接近。

（5）滑模控制（Sliding Mode Control）：通过调整控制参数，使得机器人状态轨迹沿着预期的滑动面运动，以达到某种性能指标最优。

（6）模糊控制（Fuzzy Control）：通过模糊逻辑和经验知识调整控制器参数，以达到某种性能指标最优。

（7）神经网络控制（Neural Network Control）：通过训练神经网络控制器，以实现机器人行为的自适应和优化。

这些算法在机器人控制中发挥着重要的作用，并根据不同的应用场景和需求，可以选取不同的算法组合或单一算法进行控制。

在建筑机器人控制中，需要考虑机器人的动力学特性和运动学特性，以便更好地控制机器人的运动。考虑机器人的动力学特性时，需要建立机器人的动力学模型，包括质量分布、惯性矩阵、力矩和力等参数。通过动力学模型，可以模拟机器人的运动行为，并设计控制器，以实现预期的运动轨迹和性能。

同时，需要考虑机器人的运动学特性，包括正向运动学和逆向运动学等。正向运动学可以确定建筑机器人的末端执行器在给定关节状态下的位置和姿态，而逆向运动学可以确定机器人的关节状态，以实现给定的末端执行器的位置和姿态。

在控制器设计中，需要考虑建筑机器人的动力学特性和运动学特性，以设计合适的控制算法和控制器参数。例如，可以根据建筑机器人的动力学模型设计 PID 控制器，并通过调节控制器参数，实现机器人的运动控制。同时，可以根据机器人的运动学特性，设计建筑机器人的运动轨迹和姿态，以实现机器人的定位和操作。

建筑机器人的动力学特性和运动学特性对控制有着重要的影响，因为它们直接关系到机器人的运动行为和控制器设计。首先，建筑机器人的动力学特性包括质量分布、惯性矩阵、力矩和力等参数，这些参数可以直接影响机器人的运动稳定性和性能。例如，如果机器人的质量分布不均匀，可能会导致建筑机器人在运动过程中产生振动或摇晃，因此，需要设计合适的控制器来稳定机器人的运动。其次，建筑机器人的运动学特性包括正向运动学和逆向运动学等，这些特性也会影响机器人的运动轨迹和姿态。例如，如果建筑机器人的逆向运动学不准确，可能会导致建筑机器人的末端执行器无法准确达到指定的位置和姿态。因此，需要设计合适的控制器来纠正建筑机器人的运动轨迹和姿态。此外，控制器的设计和参数选择也会受到建筑机器人的动力学特性和运动学特性的影响。例如，如果控制器的参数设置不当，可能会导致建筑机器人的运动轨迹和姿态出现误差。因此，需要选择合适的控制器参数和算法，以实现建筑机器人的精确控制。

复习思考题

1. 建筑机器人运动控制主要有哪两种？二者有什么区别？
2. 深度学习和人工智能技术在建筑机器人领域体现了什么样的优势？
3. 建筑机器人轨迹规划的技术和方法是什么？
4. 建筑机器人自主导航和定位技术的关键方面有哪些？
5. 建筑机器人控制系统硬软件系统构架要素分别是什么？

第**5**章 建筑机器人的构造与设计

📖 本章要点及学习目标

1. 了解建筑机器人的组成，包括底盘结构、上层执行机构、底盘驱控以及电池电源。
2. 了解并掌握建筑机器人包含的四种调度系统。
3. 了解建筑机器人安全性设计的原则。
4. 了解建筑机器人可靠性设计的原则。

5.1 机器人的结构和组件

5.1.1 建筑机器人的底盘结构

建筑机器人的底盘结构因任务需求和设计目标而异，但通常会采用具有稳定性和机动性的结构。以下是几种常见的建筑机器人底盘结构：履带底盘、轮式底盘、足式底盘、飞行底盘。这些底盘结构可以根据机器人的具体任务进行定制，以满足不同的建筑需求。

1. 履带底盘

（1）履带底盘建筑机器人的概念

履带底盘是建筑机器人常使用的一种底盘结构，它采用类似坦克的履带系统，由一系列的橡胶链条或金属链条构成。这些链条通过驱动轮和托带轮的协作，在不平坦或有障碍物的地面上提供稳定的运动能力。履带底盘的设计灵感来自军用坦克的履带系统，能够在恶劣的地形条件下保持稳定性和牵引力。

履带底盘由一系列相互连接的链条组成，链条通常由橡胶或金属材料制成。这些链条通过一些特定的链轮和托带轮驱动，形成一个闭合的链路系统。位于底盘两侧的驱动链轮是负责推动机器人前进或后退的组件。这些链轮通过马达或电动机驱动链条的运动，从而使机器人产生牵引力，能够在不平坦的地面上移动。托带轮位于驱动链轮的上方和下方，它们的作用是保持链条的张紧度，并在运动时支持机器人的重量。托带轮通常与驱动链轮共同工作，协调链条的运动，使机器人在地面上保持稳定，如图 5-1 所示。

（2）履带底盘建筑机器人的特点

1）稳定性：履带底盘通过较大的接触面积，使机器人在不平坦、泥泞或崎岖的地面上保持稳定，有助于防止机器人在工作时倾斜或倒下。

2）牵引力：履带底盘的链条与地面摩擦提供较大的牵引力，使机器人能够在低摩擦

图 5-1　履带底盘建筑机器人
（图片来源：泰安市金智达机器人科技有限责任公司）

或陡峭的表面上移动，如斜坡或泥泞地。

3）穿越障碍物的能力：链条的灵活性使得履带底盘建筑机器人能够更容易穿越一些地形上的障碍物，如小石头、沟壑或建筑工地中的材料堆放。

4）负重能力：履带底盘分散了机器人的重量，使其能够携带更重的负载，适合在建筑工地上搬运较大的建筑材料或设备。

5）适应性：履带底盘能够适应不同类型的地形和环境，如草地、泥泞地、石头地等，它们在各种建筑工地和土木工程项目中都有广泛的应用。

（3）履带底盘建筑机器人的适应场景

1）建筑工地：在大型建筑工地上，通常有各种地形和障碍物，履带底盘建筑机器人可以更好地适应这些环境，执行搬运、挖掘、填土等任务。

2）土木工程：在土木工程项目中，可能需要在复杂的地质条件下进行施工，履带底盘建筑机器人可以在这些场景下发挥重要作用，如道路建设、隧道施工等。

3）矿山和采石场：履带底盘建筑机器人在矿山或采石场中可以在崎岖的地表上移动，进行矿石或石材的运输和搬运工作。

4）灾难救援：在灾难发生后，地面可能会变得复杂和不可预测，履带底盘建筑机器人可以用于救援任务，穿越灾区进行搜救和救援行动。

总的来说，履带底盘建筑机器人在应对复杂地形和恶劣工作环境时表现优异，它们的稳定性、牵引力和能够穿越障碍物的能力使它们成为建筑领域中重要的自动化工具。

2. 轮式底盘

（1）轮式底盘建筑机器人的概念

轮式底盘建筑机器人，采用类似汽车的轮子来支持和使机器人在建筑工地或其他相对平坦的表面上移动。这种底盘结构为机器人提供了较高的机动性和速度，使其能够在室内和较平坦的环境中灵活地执行各种任务。

轮式底盘由一个或多个轮子组成，通常为圆盘形状，并由驱动电动机或其他动力源驱动。这些轮子通过旋转来产生推进力，使机器人能够在地面上自由移动。轮式底盘通常还配备了悬挂系统，它有助于维持机器人在不平坦地面上的平稳运动，提高机器人的稳定性，使其能够适应地面的变化，如图 5-2 所示。

（2）轮式底盘建筑机器人的特点

1）机动性：轮式底盘建筑机器人具有较高的机动性，它们可以在较平坦的地面上快速转向和移动，故它们适用于室内或相对平坦的建筑工地等场景。

2）灵活性：轮式底盘建筑机器人可以在狭窄或拥挤的空间中灵活操作，这使得它们适合在室内进行清洁、巡视、搬运轻量物品或室内施工等任务。

3）轻量化：相比履带底盘，轮式底盘结构通常较轻便，适用于需要较轻的机器人进行工作的场景。

图 5-2　轮式底盘建筑机器人
（图片来源：泰安市金智达机器人科技有限责任公司）

（3）轮式底盘建筑机器人的适用场景

1）平坦地面：轮式底盘建筑机器人在相对平坦的表面上表现出色，例如硬化的地面、水泥路面、地板等，它们在室内建筑工地和其他平坦环境中有广泛的应用。

2）室内建筑工地：在室内建筑工地，通常地面较平坦，轮式底盘建筑机器人能够灵活地执行各种任务，如搬运建筑材料、清洁地面、运送工具等。

3）仓库和物流：轮式底盘建筑机器人在仓库和物流场景中常常用于自动化货物搬运和仓库管理。它们可以在货架间穿梭，高效地将货物从一个地方运送到另一个地方。

4）室内清洁：轮式底盘建筑机器人在室内环境中进行清洁工作非常高效。它们可以用于清洁地板、窗户、玻璃幕墙等表面。

5）建筑巡视和监测：由于轮式底盘的灵活性，机器人可以轻松穿梭于建筑物内部和外部，常用于进行建筑结构的巡视和监测。

总的来说，轮式底盘建筑机器人具有较高的机动性和适应性，它们适用于室内和相对平坦的建筑工地等场景中，能够提高工作效率并减轻人工劳动负担。

3. 足式底盘

（1）足式底盘建筑机器人的概念

建筑机器人的足式底盘结构，采用多足结构来支持和使机器人在复杂环境中灵活行走和穿越障碍物。足式底盘的设计灵感来自动物的四肢运动，这样的仿生学设计使得建筑机器人能够在不规则地形、狭窄通道或需要穿越障碍物的场景中表现出色。

足式底盘由多个机械化的足部组件组成，类似于生物动物的四肢。每个足部组件由关节和连杆构成，并通过特定的运动控制算法协调工作，从而实现机器人的行走和稳定。足式底盘配备了多种传感器，如陀螺仪、加速度计、压力传感器等，用于实时监测机器人的姿态、

图 5-3　足式底盘建筑机器人

位置和地面反馈信息，确保机器人能够保持平衡和稳定。足式底盘建筑机器人依靠高级的控制算法来调整每个足部组件的运动，使其能够实现合适的步态和动作。这种控制系统通常由计算机和传感器组成，如图 5-3 所示。

（2）足式底盘建筑机器人的特点

1）适应性强：足式底盘建筑机器人通过多足步态能够适应复杂地形，如泥泞地、不平整的表面、石头地、沙滩等。通过精确的运动控制，它们可以在这些不规则地面上行走。

2）稳定性：虽然足式底盘建筑机器人在不平坦地面上相对稳定，但通过精确的运动控制和传感器反馈，它们能够维持平衡，适应地面变化，从而实现更高的稳定性。

3）高机动性：足式底盘建筑机器人由于具有多足步态，可以实现非常灵活的转向和转身，使其能够在狭窄或拥挤的空间中进行机动操作。

（3）足式底盘建筑机器人的适用场景

1）建筑工地：足式底盘建筑机器人在大型建筑工地上，特别是在不平整或有障碍物的地形上表现出色。它们能够完成搬运建筑材料、挖掘、清理等复杂任务。

2）土木工程：在土木工程项目中，可能需要在复杂的地质条件下进行施工，足式底盘建筑机器人能够适应不同的地形，如道路建设、桥梁施工等。

3）灾难救援：足式底盘建筑机器人在灾难发生后，地形可能变得复杂和不可预测，它们可以用于救援任务，穿越灾区进行搜救和救援行动。

4）探测与勘测：足式底盘建筑机器人能够在不规则地面上进行探测和勘测工作，如地质勘探。

总的来说，足式底盘建筑机器人具有适应复杂地形、穿越障碍物、稳定性和高机动性的优势，使其在特定场景下能够高效地执行各种建筑任务。然而，由于其复杂的运动控制和传感技术，足式底盘建筑机器人通常较复杂，需要更高水平的工程设计和技术支持。

4. 飞行底盘

（1）飞行底盘建筑机器人的概念

建筑机器人的飞行底盘结构，采用飞行器作为机器人的底盘，使其能够在空中进行移动和操作。飞行底盘的设计使建筑机器人能够克服地面限制，实现垂直起降、空中悬停、快速移动等功能，拓展了建筑机器人的应用领域。

飞行底盘建筑机器人采用飞行器（例如多旋翼飞行器、固定翼飞行器等）作为其底盘结构。这些飞行器由螺旋桨或发动机提供动力，并通过飞行控制系统进行操控。飞行底盘建筑机器人具备垂直起降的能力，这使得它们能够从地面垂直起飞，无需长距离滑行或额外的跑道，如图 5-4 所示。

图 5-4　飞行底盘建筑机器人

（2）飞行底盘建筑机器人的特点

1）空中机动性：飞行底盘建筑机器人具有出色的空中机动性，可以在三维空间内自由飞行、悬停和快速移动。这使得它们能够轻松穿越障碍物和地面限制，达到地面车辆无法实现的灵活性。

2）多样化应用：飞行底盘建筑机器人在建筑领域中有着广泛的应用。它们可以用于建筑结构的巡视和监测、高空建筑维护、物品运输、建筑物建设等任务。

3）快速响应：由于垂直起降和空中飞行的能力，飞行底盘建筑机器人可以快速响应任务需求，在紧急情况下能够更迅速地到达目标位置。

4）遥感与监测：飞行底盘建筑机器人常用于进行建筑结构的遥感与监测。例如，通过搭载高分辨率相机、热成像传感器等设备，可以检查建筑物的外观、热损失或其他潜在问题。

（3）飞行底盘建筑机器人的适用场景

1）高空建筑维护：飞行底盘建筑机器人可以在高空对建筑物进行维护和检修，如玻璃幕墙的清洁、建筑外墙的涂漆等。

2）工地监测：飞行底盘建筑机器人可以用于监测建筑工地的进度和安全状况，提供实时数据，以帮助项目管理和决策。

3）物品运输：飞行底盘建筑机器人可以用于快速运送轻量物品，如建筑材料、工具等，从一个位置到另一个位置。

4）灾害评估：飞行底盘建筑机器人在灾害发生后，可以用于评估建筑物的受损情况，提供救援和重建决策的数据支持。

飞行底盘建筑机器人具有空中机动性、多样化应用和快速响应等特点，是一项新兴且富有前景的技术。然而，需要考虑空中飞行的安全性和合规性，以及在有人员活动的区域进行飞行的监管要求。

5.1.2　建筑机器人的上层执行机构

建筑机器人除了底部结构（底盘），还需要上层执行机构，它是指安装在底盘上方的用于完成特定任务的装置和设备。上层执行机构的种类多种多样，根据不同的任务需求，建筑机器人可以搭载各种不同的执行机构。一些常见的上层执行机构有机械臂、吊装/起重装置、钻头/挖掘器、喷涂装置、玻璃清洁器、传感器和测量设备、摄像设备、无人机（无人航空器）、焊接设备等。

1.建筑机器人机械臂

（1）建筑机器人机械臂的概念

建筑机器人上层执行机构的机械臂，是一种类似于人的手臂的装置，由多个关节组成，可以进行伸缩、旋转和抓取操作。机械臂是建筑机器人中常见且多功能的上层执行机构，它能够完成各种建筑任务，如挖掘、搬运、装配、清理等，如图 5-5 所示。

图 5-5　建筑机器人机械臂

（2）建筑机器人机械臂的特点

1）多功能性：机械臂作为上层执行机构，具有多功能性，可以根据不同的任务需求进行配置和操作。

2）精确控制：机械臂的关节运动通常由先进的控制系统精确控制，使其能够在狭小空间中实现精确的定位和操作。

3）抓取和搬运能力：机械臂的末端执行器通常配备抓取器，能够抓取、拾取和搬运各种形状和大小的物体，如建筑材料、构件等。

4）自动化：建筑机器人上的机械臂通常可以通过编程和自动化控制实现自主操作，减少人工干预，提高工作效率。

5）安全性：机械臂在进行任务时，能够减少工作人员直接参与危险的操作，从而提高工作安全性。

（3）建筑机器人机械臂的适用场景

1）挖掘和搬运：机械臂可以用于挖掘建筑基础、挖掘土方、搬运建筑材料等任务。

2）装配和拼装：机械臂可以用于建筑结构的装配和拼装，如混凝土构件的定位和安装。

3）清理和维护：机械臂可以用于建筑现场的清理工作，如清除杂物、打扫工地等。

4）高空作业：在高空建筑工作时，机械臂可以代替人工进行一些高难度和危险的任务，如高空维修和施工。

机械臂作为建筑机器人的上层执行机构，具有多功能性、精确控制、抓取和搬运能力等特点，使其成为建筑行业中重要且有前景的技术。随着自动化和智能化技术的不断发展，机械臂在建筑机器人中的应用将会越来越广泛。

2. 建筑机器人吊装/起重装置

（1）建筑机器人吊装/起重装置的概念

建筑机器人上层执行机构的吊装/起重装置是一种用于搬运和举升重物的设备。吊装/起重装置通常搭载在建筑机器人的机械臂或其他适当位置上，使机器人能够完成搬运、起重和安装重型构件、建筑材料或其他重物的任务，如图5-6所示。

（2）建筑机器人吊装/起重装置的特点

1）高承载能力：吊装/起重装置通常具有较高的承载能力，可以应对不同重量级的物体搬运和起重需求。

2）精确控制：为了确保搬运过程的安全性和精确性，起重臂通常配备精密的控制系统，允许操作人员准确地控制起重臂的动作。

3）多向运动：起重臂通常可以实现多向运动，包括水平旋转、垂直抬升、伸缩和倾斜等，使其能够在复杂的工作环境中完成任务。

4）安全保护：起重臂通常配备安全装置，如重载保护、碰撞检测和防倾覆系统，以确保搬运过程中的安全性。

（3）建筑机器人吊装/起重装置的适应场景

1）建筑材料搬运：吊装/起重装置可以用于搬运建筑材料，如钢筋、混凝土构件、砖块等。

2）大型构件安装：在建筑施工过程中，起重装置可以用于安装大型构件，如梁、柱等。

3）设备安装：吊装/起重装置可以用于安装和移动重型设备和机械。

4）拆卸工作：在拆除建筑物或结构时，起重装置可以用于拆卸和搬运废弃物料。

吊装/起重装置作为建筑机器人的上层执行机构，具有高承载能力、精确控制和多向运动等特点，是建筑行业中一项重要技术。它能够提高工作效率，减轻人工劳动负担，并在重型搬运和起重任务中发挥重要作用。

3. 建筑机器人钻头/挖掘器装置

（1）建筑机器人钻头/挖掘器装置的概念

建筑机器人上层执行机构的钻头/挖掘器是一种用于地基施工、土壤勘探或挖掘任务的设备。钻头用于钻孔或钻探，而挖掘器则用于挖掘土壤或其他材料。这些执行机构搭载在机器人的机械臂上，使机器人能够实现地下或地面上的钻掘和挖掘工作，如图 5-7 所示。

图 5-6　建筑机器人吊装/起重装置　　　　图 5-7　打孔建筑机器人

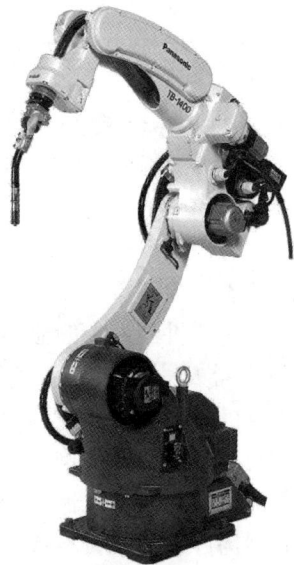

（2）建筑机器人钻头/挖掘器装置的特点

1）多功能性：钻头/挖掘器作为上层执行机构，具有多功能性，可以根据不同的任务需求进行配置和操作。

2）精确控制：钻头/挖掘器配备精密的控制系统，使其能够在狭小空间内实现精确的钻掘或挖掘动作。

3）适应性：钻头/挖掘器可以适应不同地质条件和材料，如土壤、岩石、混凝土等。

4）自动化：建筑机器人上的钻头/挖掘器可以通过编程和自动化控制实现自主操作，减少人工干预。

（3）建筑机器人钻头/挖掘器装置的适用场景

1）地基施工：钻头/挖掘器可以用于地基钻孔和地基挖掘，为建筑物提供稳固的基础。

2）土壤勘探：钻头/挖掘器可以用于地质勘探和土壤采样，获取地下土壤或岩石样本。

3）建筑施工：钻头/挖掘器可以用于建筑物的地基施工、地下管道铺设等任务。

4）挖掘和清理：钻头/挖掘器可以用于挖掘土壤或建筑废料，清理建筑现场。

钻头/挖掘器作为建筑机器人的上层执行机构，具有多功能性、精确控制和适应性等特点，使其在地基施工、土壤勘探和挖掘任务中发挥重要作用。它能够提高工作效率，减轻人工劳动负担，并在各种挖掘和钻掘场景中发挥重要作用。

4. 建筑机器人喷涂装置

（1）建筑机器人喷涂装置的概念

建筑机器人上层执行机构的喷涂装置是一种用于建筑物的涂料、油漆或其他涂层施工的设备。喷涂装置搭载在机器人的机械臂或其他适当位置上，使机器人能够实现自动喷涂操作，提高施工效率和质量，如图 5-8 所示。

（2）建筑机器人喷涂装置的特点

1）自动化喷涂：建筑机器人上的喷涂装置通常可以通过编程和自动化控制实现自主喷涂操作，减少人工干预，提高施工效率和质量。

2）均匀喷涂：喷涂装置的喷涂控制系统能够确保涂料均匀地喷洒在建筑物表面上，减少喷涂不均匀或滴漏的问题。

3）节省涂料：喷涂装置通常能够准确控制喷涂量，避免浪费涂料，从而节省成本。

4）提高施工速度：建筑机器人上的喷涂装置可以实现快速喷涂，提高施工速度，缩短施工周期。

（3）建筑机器人喷涂装置的适用场景

1）建筑外墙涂装：喷涂装置可以用于建筑物外墙的油漆或涂料喷涂，实现大面积的快速涂装。

2）室内涂装：在建筑室内，喷涂装置可以用于墙面、顶棚等的涂装，提高室内装修的效率和质量。

3）涂装维护：喷涂装置可以用于建筑物的维护和修复，重新涂装已经老化或受损的表面。

喷涂装置作为建筑机器人的上层执行机构，具有自动化喷涂、均匀喷涂、节省涂料和提高施工速度等特点，使其在建筑涂装领域中具有重要的应用价值。通过建筑机器人上的喷涂装置，可以实现高效、精确和一致的涂装操作，提高施工效率和质量，减少人工劳动。

5. 建筑机器人玻璃清洁器

（1）建筑机器人玻璃清洁器的概念

建筑机器人上层执行机构的玻璃清洁器是一种专门用于清洁建筑物玻璃表面的设备。这种清洁器搭载在机器人的机械臂或其他适当位置上，使机器人能够实现自动化的玻璃清洁操作，从而减少人工清洁的工作量和提高清洁效率。玻璃清洁器在高层建筑、幕墙建筑和玻璃幕墙等场景中得到广泛应用，如图 5-9 所示。

图 5-8　外墙喷涂机器人

图 5-9　建筑清扫机器人

（2）建筑机器人玻璃清洁器的特点

1）自动化清洁：建筑机器人上的玻璃清洁器可以通过编程和自动化控制实现自主清洁操作，减少人工干预，提高清洁效率。

2）高效清洁：玻璃清洁器配备专业的清洁刷头和清洁液供给系统，可以高效去除污垢和污渍，保持玻璃表面的清洁度。

3）适用于高层建筑：玻璃清洁器特别适用于高层建筑、幕墙建筑和玻璃幕墙等难以手工清洁的场景，帮助解决高空作业的安全问题。

4）保护玻璃表面：玻璃清洁器配备合适的清洁刷头和清洁液，可以确保清洁过程中不会损坏玻璃表面。

（3）建筑机器人玻璃清洁器的适用场景

1）高层建筑玻璃清洁：玻璃清洁器适用于高层建筑的外立面玻璃清洁，解决高空作业的安全问题，提高清洁效率。

2）幕墙建筑清洁：幕墙建筑通常有大面积的玻璃幕墙，玻璃清洁器可以用于幕墙玻璃的自动清洁和维护。

3）大型玻璃幕墙：对于大型玻璃幕墙，玻璃清洁器可以高效地进行大面积清洁，减少人工清洁的时间和劳动成本。

建筑机器人上层执行机构的玻璃清洁器具有自动化清洁、高效清洁和适用于高层建筑的特点。它为建筑行业带来更高效、更安全的玻璃清洁解决方案，减少了人工清洁的工作量，同时保护了玻璃表面的清洁度和完整性。

6. 建筑机器人传感器和测量设备

（1）建筑机器人传感器和测量设备的概念

建筑机器人上层执行机构的传感器和测量设备是一类用于获取环境信息、测量数据或执行任务所需数据的装置。这些传感器和测量设备通常搭载在建筑机器人的机械臂、车身或其他适当位置上，为机器人提供实时数据支持，帮助机器人进行感知、决策和执行任务。在建筑机器人中，传感器和测量设备起着至关重要的作用，使机器人能够实现自主操作和智能决策，如图 5-10 所示。

（2）建筑机器人传感器和测量设备的特点

建筑机器人上层执行机构的传感器和测量设备具有多样化的特点，它们为机器人提供了实时数据支持和高精度测量能力，使机器人能够在建筑领域中实现感知、决策和执行任务。以下是传感器和测量设备的一些常见特点：

图 5-10　测量建筑机器人

1）实时数据支持：传感器和测量设备能够实时获取环境信息和建筑数据，将数据传输给机器人的控制系统。这使得机器人能够在实时环境下作出智能决策，根据实际情况进行任务规划和调整。

2）高精度测量：许多传感器具有高精度的测量能力，能够提供准确的数据。例如，激光雷达（LiDAR）可以生成高精度的三维地图，相机和图像传感器可以提供高清晰度的图像和视频，力/扭矩传感器可以测量机器人的力和扭矩。

3）多功能性：不同类型的传感器和测量设备可以用于不同的任务和场景，提供多样化的数据支持。例如，LiDAR 可以用于环境感知和导航，相机可以用于目标识别和视觉检查，气体传感器可以用于空气质量监测等。

4）自动化集成：传感器和测量设备通常可以与机器人的控制系统进行自动化集成。这使得传感器数据可以直接用于机器人的决策和控制，实现更高程度的自主操作。

5）环境适应性：传感器和测量设备通常具有良好的环境适应性，可以在不同的气候条件和工作环境下正常工作。例如，热成像传感器可以在不同温度条件下工作，LiDAR 可以在不同光照条件下进行扫描。

6）安全保护：在一些特殊任务中，传感器和测量设备可以用于安全保护。例如，压力传感器可以用于检测机器人与物体之间的接触压力，防止意外碰撞。

7）实时监测：传感器和测量设备可以实时监测建筑物的状况和环境变化。例如，位移传感器可以实时监测建筑物的位移，热成像传感器可以实时监测热点变化。

建筑机器人上层执行机构的传感器和测量设备具有实时数据支持、高精度测量、多功能性和自动化集成等特点。这些特点使得机器人能够更智能、高效地执行各种建筑任务，提高工作效率和安全性。通过传感器和测量设备，建筑机器人能够感知周围环境、获取建筑数据，并作出准确的决策和执行动作，为建筑行业带来更多的应用和创新。

（3）建筑机器人传感器和测量设备的适用场景

建筑机器人上层执行机构的传感器和测量设备在建筑领域中有广泛的适用场景。它们为机器人提供实时数据支持和高精度测量能力，使机器人能够在不同任务和场景中实现感知、进行决策和执行任务。以下是传感器和测量设备的一些常见适用场景：

1）环境感知与导航：激光雷达（LiDAR）、相机和图像传感器等可以用于建筑机器人的环境感知和导航。通过 LiDAR，机器人能够实时获取周围环境的地形和障碍物信息，帮助机器人规划安全路径和避免碰撞。相机和图像传感器可以用于目标识别、地标导航和建筑物巡视等任务。

2）建筑结构监测：传感器和测量设备可以用于建筑物的结构监测和评估。位移传感器可以实时监测建筑物的位移和变形，热成像传感器可以检测建筑物的热点和热漏失，压力传感器可以用于监测建筑物的接触压力。

3) 室内外涂装：建筑机器人上的相机和喷涂装置可以用于室内外的涂装任务。相机可以用于检测建筑表面的状况和涂装质量，喷涂装置可以实现自动化喷涂，提高施工效率和涂装质量。

4) 建筑物维护和修复：相机和图像传感器可以用于建筑物的外观检查和维护任务。通过图像传感器，机器人可以识别建筑物的破损或损坏部分，为维护和修复提供数据支持。

5) 地基施工和土壤勘探：建筑机器人上的钻头、挖掘器和相机等可以用于地基施工和土壤勘探。钻头可以用于地基钻孔和土壤勘探，相机可以用于监测施工过程和土壤特征。

6) 空气质量监测：气体传感器可以用于建筑物的空气质量监测。通过气体传感器，机器人可以检测有害气体的存在并采取相应措施，确保工作环境安全。

7) 建筑物清洁：建筑机器人上的相机和清洁装置可以用于建筑物的清洁任务。相机可以用于识别脏污或污渍，清洁装置可以实现自动化清洁，提高清洁效率。

总的来说，建筑机器人上层执行机构的传感器和测量设备适用于建筑领域中多种场景和任务。它们为机器人提供了实时数据支持、高精度测量和智能感知能力，帮助机器人更智能、高效地完成各种建筑任务，提高工作效率和安全性，为建筑行业带来更多的应用和创新。

7. 建筑机器人摄像设备

(1) 建筑机器人摄像设备的概念

建筑机器人上层执行机构的摄像设备主要指的是相机和其他图像采集设备，用于拍摄建筑物的图像或视频。这些摄像设备搭载在机器人的机械臂、车身或其他适当位置上，为机器人提供视觉支持，帮助机器人感知周围环境、执行任务和收集数据。

(2) 建筑机器人摄像设备的特点

建筑机器人上层执行机构的摄像设备具有许多特点，这些特点使其成为建筑行业中不可或缺的重要工具。以下是建筑机器人上层执行机构摄像设备的一些主要特点：

1) 视觉感知能力：摄像设备赋予建筑机器人视觉感知能力，类似于人类的眼睛。通过摄像头和其他图像采集设备，机器人可以捕捉周围环境的图像和视频，实时获取建筑物的视觉信息。

2) 高分辨率图像：摄像设备通常具有高分辨率，可以拍摄清晰细致的图像和视频。高分辨率图像有助于机器人准确地识别目标物体和检测细微的问题。

3) 多功能性：建筑机器人上的摄像设备可以具备多种功能，包括拍摄彩色图像、红外图像、热成像图像等。不同类型的图像可以用于不同的应用场景和任务。

4) 智能图像处理：摄像设备通常配备强大的图像处理系统，可以进行智能图像处理和分析。图像处理算法可以实现目标识别、边缘检测、特征提取等功能，帮助机器人从图像中提取有用的信息和数据。

5) 自动对焦和变焦：摄像设备通常配备自动对焦和变焦功能，使得机器人可以根据需要对目标进行自动对焦和放大。这使得机器人能够适应不同距离和尺寸的目标。

6）实时传输和远程控制：摄像设备通常可以实时传输图像和视频数据，使得操作人员可以远程监视机器人的视野和工作情况。远程控制功能可以实现对摄像设备的远程调整和控制。

7）安全保护：在高度不稳定的工作环境中，摄像设备通常配备云台稳定装置，以确保图像的稳定和清晰度。此外，一些摄像设备还可能配备碰撞传感器，以避免与障碍物或突出物碰撞。

8）数字化建模：建筑机器人上的摄像设备可以用于数字化建模。通过拍摄建筑物的图像，机器人可以生成建筑物的三维模型，用于规划和设计。

建筑机器人上层执行机构的摄像设备具有视觉感知能力、高分辨率图像、多功能性和智能图像处理等特点。这些特点使得摄像设备成为机器人的重要组成部分，为机器人提供视觉支持，帮助机器人感知和了解周围环境，执行任务，并收集重要的数据和信息。通过摄像设备，建筑机器人能够更智能、高效地完成各种建筑任务，提高工作效率和安全性。

（3）建筑机器人摄像设备的适用场景

1）建筑物监测和维护：摄像设备可以用于建筑物的监测和维护。通过拍摄建筑物的图像或视频，机器人可以检测破损、漏水、腐蚀等问题，及时采取措施进行维修。

2）建筑结构检查：摄像设备可以用于检查建筑物的结构安全性和稳定性。通过拍摄建筑物的图像，机器人可以评估建筑物的结构健康状况。

3）巡视和监控：摄像设备可以用于巡视建筑物的内部和外部，监控建筑物周围环境，在安保和监控领域有重要应用。

4）建筑物建模：通过拍摄建筑物的图像，机器人可以进行三维建模，生成建筑物的数字化模型，用于规划和设计。

8. 建筑机器人无人机

（1）建筑机器人无人机的概念

建筑机器人上层执行机构的无人机是指搭载在建筑机器人上的无人飞行器。这些无人机通常为多旋翼型（如四旋翼、六旋翼、八旋翼等）或固定翼型，通过遥控或预设的自动化路径进行飞行。无人机作为建筑机器人的一部分，扮演着上层执行和辅助任务的角色，为建筑机器人行业带来了许多优势。

（2）建筑机器人无人机的特点

建筑机器人上层执行机构的无人机具有许多特点，这些特点使其成为建筑领域中不可或缺的重要工具。以下是建筑机器人上层执行机构的无人机的一些主要特点：

1）高空视觉采集：无人机搭载高分辨率相机或其他传感器，能够在高空拍摄建筑物的图像和视频。这些图像和视频可以提供全景视角，用于建筑物的监测、检查和维护，同时为建筑机器人提供视觉数据支持。

2）垂直起降和悬停能力：多旋翼无人机通常具有垂直起降和悬停能力，可以在空中静止悬停，从而能够更加精确地进行拍摄和观察任务。

3）自动化路径飞行：无人机可以通过遥控或预设的自动化路径进行飞行。预设路径飞行可以确保无人机按照规划好的航线自主执行任务，减少人工干预。

4）多功能性：无人机在建筑领域中具有多种功能。它们可以用于建筑物的巡视、监测、维护、修复和环境监测等任务。

5）高效和快速：无人机可以快速到达目标区域，迅速完成任务，提高了建筑工作的效率。与传统手工执行相比，它们能够在更短的时间内完成大面积的工作。

6）降低安全风险：采用无人机执行高空作业任务，有效规避了人工操作的安全隐患，为工作人员提供了更可靠的安全保障。通过非接触式作业模式，既消除了坠落风险，又避免了人员直接暴露于危险环境，从源头上提升了作业安全系数。

7）远程监控：无人机搭载实时传输设备，可以实时将图像和视频传回操作中心，实现远程监控和数据传输。

8）环保：无人机在进行空中巡视和监测时不会产生污染，比较环保，不会对建筑物或周围环境造成二次污染。

建筑机器人上层执行机构的无人机具有高空视觉采集、垂直起降和悬停能力、自动化路径飞行、多功能性、高效和快速等特点。它们在建筑领域中发挥着重要的作用，为建筑行业带来更高效、更安全、更环保的解决方案。无人机的应用使得建筑机器人能够在复杂和高难度的任务中发挥重要作用，同时提高工作效率和人员安全。

（3）建筑机器人无人机的适应场景

建筑机器人上层执行机构的无人机在建筑领域中有广泛的适用场景，它们为建筑行业带来了更高效、更安全、更精确的解决方案。以下是无人机在建筑机器人上层执行机构的一些主要适用场景：

1）建筑巡视和监测：无人机可以用于建筑物的巡视和监测任务。通过航拍，无人机可以获取建筑物外观和结构的全景图像，快速检测破损、腐蚀、漏水等问题。它们还可以用于检查建筑物的屋顶、烟囱、天窗等难以接近的区域。

2）建筑维护和修复：无人机可以用于建筑物的维护和修复任务。例如，搭载喷涂装置的无人机可以实现高处建筑物的喷涂作业，提高施工效率和安全性。无人机还可以用于进行建筑物外部的清洁和维修。

3）建筑结构检查：无人机可以用于检查建筑物的结构安全性和稳定性。通过拍摄高分辨率的图像，机器人可以评估建筑物的结构健康状况，并检测隐蔽的结构问题。

4）建筑施工监管：无人机可以用于监管建筑施工过程，进行进度追踪和质量检查。它们可以快速捕捉建筑物的施工进展，并进行现场监视。

5）环境监测：无人机可以用于建筑物周围环境的监测，例如检测空气质量、环境污染和气象状况等，为建筑物的环保设计和运营提供数据支持。

6）高空作业：无人机可以代替人工进行高空作业，例如在高层建筑的外立面进行检查、清洁和维护等任务，从而减少人工高空作业的风险和危险。

7）建筑物数字化建模：通过拍摄建筑物的图像，无人机可以进行数字化建模，生成建筑物的三维模型，用于规划和设计。

8）紧急救援：在灾难发生后，无人机可以用于搜索和救援任务。它们可以快速到达灾难现场，进行搜索和侦察，以找到被困人员或评估灾害损失。

9. 建筑机器人焊接设备

（1）建筑机器人焊接设备的概念

建筑机器人上层执行机构的焊接设备是一种专门用于进行焊接任务的装置或机器。这些设备搭载在机器人的机械臂或车身上，通过控制系统实现焊接操作。焊接设备可以是自动化的，也可以是半自动或手动操作的。

（2）建筑机器人焊接设备的特点

1）多种焊接方法：建筑机器人上的焊接设备通常可以应用多种焊接方法，如 MIG/MAG 焊接、TIG 焊接、电弧焊等。这些方法适用于不同类型的金属焊接，如钢结构、铝合金等。

2）灵活性和精确性：焊接设备搭载在机器人上，具备较大的灵活性和精确性。机器人可以通过自动化路径或遥控操作，准确地控制焊接位置和焊接参数，保证焊接的精度和质量。

3）自动化焊接：少数高级的焊接设备具备自动化功能，可以实现自动焊接。通过预设焊接路径和参数，机器人可以独立完成焊接任务，提高焊接的效率和一致性。

4）实时监测和质量控制：一些焊接设备配备焊缝检测和质量控制系统。通过传感器和相机，设备可以实时监测焊接过程，并对焊缝进行质量评估，确保焊接质量符合标准。

5）安全保护：焊接设备通常配备安全保护措施，如防火、防烟、防爆装置等，以确保焊接过程安全。

（3）建筑机器人焊接设备的适用场景

1）钢结构建筑焊接：建筑机器人搭载的焊接设备适用于钢结构建筑的焊接任务，如框架、梁柱、梁连接等。

2）铝合金焊接：对于使用铝合金的建筑项目，焊接设备可以实现铝合金部件的连接和固定。

3）高处焊接：焊接设备可以代替人工进行高处焊接，例如高层建筑的焊接任务，从而降低了人工高空作业的风险和危险。

4）大型结构焊接：对于大型建筑结构，焊接设备可以提供更高效和精确的焊接解决方案。

5）现场焊接：在建筑现场，焊接设备能够快速部署并进行焊接任务，为施工进度提供支持。

建筑机器人上层执行机构的焊接设备是用于进行焊接任务的专用装置或机器。它们具备多种焊接方法、灵活性和精确性、自动化焊接、实时监测和质量控制等特点，适用于各种不同的建筑焊接场景，提高了焊接的效率和质量，同时降低了焊接过程中的风险和危险。

5.1.3　建筑机器人的底盘驱控

建筑机器人的底盘驱控主要涉及底盘的驱动系统和控制系统。底盘驱控是建筑机器人移动和导航的关键部分，它确保机器人能够在工作现场自由移动并准确执行任务。

1. 底盘驱动系统

（1）电动驱动：大多数现代建筑机器人采用电动驱动系统。电动驱动系统通常使用电机驱动轮子或履带，产生足够的扭矩和动力，推动机器人在不同地形上移动。

（2）液压驱动：在某些大型建筑机器人中，液压驱动系统也被用于提供更强大的动力输出。液压驱动系统可以在重载或恶劣地形下提供更稳定的运动性能。

2. 底盘控制系统

（1）遥控操作：建筑机器人通常可以通过遥控器进行手动操作。遥控操作由操作人员对机器人的移动方向、速度和转向进行实时控制。

（2）自主导航：高级建筑机器人配备自主导航系统，使它们能够在预设的路径上自主移动。自主导航通常依靠激光雷达、摄像头、传感器和 SLAM（即步定位与地图构建）等技术，实时感知周围环境并规划移动路径。

（3）避障技术：底盘控制系统通常配备避障技术，使机器人能够自动识别并绕过障碍物，确保机器人在移动过程中的安全。

（4）编程控制：对于特定的任务和轨迹，操作人员可以通过预先编程控制机器人的移动和路径。

3. 适用场景

建筑机器人的底盘驱控适用于以下场景：

（1）建筑工地：底盘驱控允许建筑机器人在建筑工地上灵活移动，执行建筑材料运输、装配和搬运任务。

（2）室内施工：在室内施工环境中，建筑机器人的底盘驱控能够实现精确的移动和定位，如在室内清洁、室内维护等任务中。

（3）未铺设道路：对于未铺设道路或不平坦的地面，建筑机器人的履带底盘驱控能够提供更好的通过能力。

总体而言，建筑机器人的底盘驱控是确保机器人在工作现场自由移动和准确执行任务的关键技术。它们可以通过遥控操作、自主导航和避障技术等实现不同场景下的灵活移动和定位。这些特性使得建筑机器人在建筑施工和维护领域具备更高效、更安全的表现。

5.1.4　电池电源

建筑机器人的电池电源是指为机器人提供动力的电力来源。建筑机器人需要在工地或室内移动，并执行一系列任务，因此电池电源是其关键组成部分之一。

1. 电池类型

（1）锂离子电池（Li-ion）：锂离子电池是最常见的建筑机器人电源之一，具有高能量密度、轻量化和长寿命的特点，适用于需要长时间工作的机器人。

（2）镍氢电池（NiMH）：镍氢电池也被用于某些建筑机器人，价格相对较低，并且相对环保，但能量密度较低，可能需要更频繁的充电。

（3）铅酸电池：铅酸电池在一些早期的建筑机器人中使用，具有较低的能量密度和较短的寿命，价格相对便宜。

2. 电池管理系统

电池管理系统（Battery Management System，BMS）是监测和控制电源的关键组件。BMS确保电池的安全运行和优化性能，其中一些功能包括：

（1）电池充放电控制：确保电池在适当的充放电范围内运行，以延长电池寿命并避免过度放电或过度充电。

（2）电池温度监测：监测电池的温度，防止过热或过冷造成的损坏。

（3）电池状态监测：持续监测电池的电量和健康状况，提供准确的电池状态信息。

（4）充电管理：控制电池充电速率和方式，以保障充电的高效率和安全性。

（5）充电系统：建筑机器人通常需要定期充电以保持良好的运行状态。充电系统包括充电插座和充电器，用于将电能传递到机器人的电池中。

建筑机器人的电池是为机器人提供动力的电力来源。电池类型、容量和电池管理系统的选择分别决定了机器人的运行时间、性能和安全性。电池电源使得建筑机器人具备更高的自主性，能够在不同场景下灵活执行任务，从而提高了建筑施工和维护的效率和可靠性。

5.2　建筑机器人的调度系统

5.2.1　电力系统

1. 电力系统组成

电力系统是机器人调度系统的重要组成部分之一，电力系统为机器人提供能量以供其运行和执行任务。电力系统可以由不同的能源组成，包括电池、太阳能电池和电压转换器。

（1）电池

电池是建筑机器人电力系统的核心组件之一。它们是储存电能的装置，可以在需要时为机器人提供电力。在建筑机器人中，常用的电池类型之一是锂离子电池（Li-ion），它们具有高能量密度、轻量化、长寿命等优点。电池贮存的电能可以在建筑机器人工作时提供动力，也可以在静止或停机状态下维持电路的供电。

（2）太阳能电池

太阳能电池是一种能够将太阳光直接转换为电能的装置。在建筑机器人中，太阳能电池板通常安装在机器人的表面，利用太阳能来为电池充电。这样的设计可以为机器人提供一种可再生的、环保的能源来源。在适宜的天气条件下，太阳能电池可以实现长时间的充电，延长机器人的工作时间。

（3）电压转换器

电压转换器是建筑机器人电力系统中的重要组成部分之一。由于机器人内部可能需要不同电压等级的电能来驱动不同的设备，电压转换器的功能是将电池提供的电能转换为适合不同部件的电压，它可以实现电能从电池到机器人各个部件的有效分配。

2. 电力系统特点

（1）可持续性：通过太阳能电池的应用，电力系统可以获得可再生的能源，提高了建筑机器人在户外工作时的工作时间和效率，并减少了对传统能源的依赖。

（2）灵活性：电池作为主要的能源储存装置，使得机器人可以灵活移动，无需受到固定电源的限制。

（3）环保：由于太阳能电池的使用，电力系统消耗的能源是清洁的，对环境的负面影响小。

（4）高效性：通过电压转换器，电能可以被有效地分配到各个部件，使得机器人在执行任务时能够高效利用能源。

5.2.2 液压系统

1. 液压系统的基本原理

液压系统是一种利用液体（液压油）来传递能量并实现力的传递与控制的系统。其基本原理涉及两个关键组件：液压泵和液压马达（或液压缸）。液压泵通过施加力将液压油压力提高，将液压油送入液压马达（或液压缸）中。液压马达或液压缸通过接受液压油的流入，将液压能量转化为机械能，从而实现物体的移动或执行特定的工作任务。液压系统通过调整液压泵的输出和液压马达（或液压缸）的阀门来控制液压油的流动和压力，实现对力和速度的精确控制。

2. 液压系统的组成部分

（1）液压泵：液压泵是液压系统的主要动力来源。它将机械能转换为液压能，通过施加压力将液压油推送到液压马达（或液压缸）。

（2）液压马达（或液压缸）：液压马达和液压缸是液压系统的执行部件。液压马达将液压能转换为旋转机械能，而液压缸将液压能转换为线性机械能。它们通过接受液压油的流入，产生动力来推动建筑机器人的运动部件。

（3）液压油箱：液压油箱是液压系统中储存液压油的容器。液压油通过泵抽取和回流到液压油箱中，确保液压系统的液压油保持在适当的液位和温度。

（4）液压管路：液压管路是将液压油从液压泵传输到液压马达（或液压缸）的管道系统。它们在液压系统中传递液压能，并通过阀门和控制装置来调整和控制液压系统的流动。

（5）液压阀门和控制装置：液压阀门和控制装置用于调节液压油的流动和压力，控制液压系统的工作状态和执行特定任务。它们可以是手动控制的，也可以是电动或自动控制的，以实现对液压系统的精确控制。

3. 液压系统的优缺点

（1）液压系统的优点

1）高功率密度：液压系统具有较高的功率密度，即可以在相对较小的空间中传递大量的能量和力。

2）精确控制：液压系统可以实现对力和速度的精确控制，适用于需要高精度执行的任务。

3）适应性强：液压系统适应性强，可以在不同环境和温度条件下工作，适用于室内和户外的建筑机器人应用。

4）工作可靠性：液压系统通常拥有较长的使用寿命和较高的可靠性，可以承受较大的负载和冲击。

（2）液压系统的缺点

1）能源浪费：液压系统可能会产生能源浪费，因为其中液压油的回流和泄漏可能导致能量损失。

2）维护复杂：液压系统的维护较为复杂，需要定期检查和保养，以确保系统的正常运行。

3）噪声和振动：液压系统可能会产生噪声和振动，特别是在高压和高速工作条件下，可能会对操作员和周围环境产生影响。

总体而言，液压系统是建筑机器人调度系统中重要的动力来源之一。它具有高功率密度和精确控制的优点，适用于各种建筑机器人的动力传输和执行任务。同时，在使用过程中，需要关注液压系统的维护和能源消耗等问题，以确保系统的可靠性和高效性。

5.2.3　气动系统

1. 气动系统的基本原理

气动系统是利用气体（空气）来传递能量并实现力的传递与控制的系统。它基于气体的压缩和扩张来转换能量，并通过气动执行元件来实现物体的运动或执行特定的任务。气动系统的基本原理涉及两个关键组件：气源和气动执行元件。气源通常是压缩空气或气体，它提供了气动系统所需的动力。气动执行元件可以是气缸或气动马达，它们通过接受气源的压缩空气来产生机械运动或执行特定的工作任务。

2. 气动系统的组成部分

（1）气源：气源是气动系统的动力来源，通常是压缩空气或气体。压缩空气可以由气压机或压缩机产生，通过储气罐储存并供给至气动执行元件。

（2）气动执行元件：气动执行元件可以是气缸或气动马达。气缸将气源压缩空气转换为线性运动，而气动马达将气源压缩空气转换为旋转运动。它们通过接受气源的压缩空气来产生动力，并驱动建筑机器人的运动部件。

（3）控制元件：控制元件用于调节气源的流动和压力，从而控制气动系统的工作状态和执行特定任务。这些控制元件可以是手动的、电动的或自动控制的，以实现对气动系统的精确控制。

（4）气动管路：气动管路是将气源从气源传输到气动执行元件的管道系统。它们在气动系统中传递气体，并通过控制元件来调整气源的流动和压力。

3. 气动系统的优缺点

（1）气动系统的优点

1）快速响应：气动系统具有快速响应的特点，可以快速启动和停止，适用于需要高频率运动的应用。

2）简单性：气动系统相对于液压和电动系统来说结构相对简单，不需要液压油和复杂的控制电路，维护成本较低。

3）可靠性：气动系统的执行元件通常是气缸或气动马达，它们具有较长的使用寿命和可靠性，可以承受较大的负载和冲击。

4）安全性：气动系统通常用空气作为动力源，不存在液压油泄漏的问题，既保障了操作人员的安全，又排除了环境问题的隐患。

（2）气动系统的缺点

1）能源消耗：相对于电动系统，气动系统的能源消耗较高，因为空气的压缩和扩张过程会产生能量损失。

2）精确度较低：气动系统的控制精度相对于液压和电动系统来说较低，不适用于需要高精度执行的任务。

3）噪声和振动：气动系统可能会产生噪声和振动，特别是在高压和高速工作条件下，可能会对操作员和周围环境产生影响。

气动系统是建筑机器人调度系统中另一种重要的动力来源。它具有快速响应、简单性和可靠性等优点，适用于一些低精度、高频率运动的应用场景。然而，需要注意的是气动系统的能源消耗和控制精度较低的问题，以确保系统的高效性和可靠性。

5.2.4　混合能源动力系统

混合能源动力系统是指将不同能源类型（例如电力、液压、气动等）结合在一起，以实现建筑机器人的动力传递和执行任务。在混合能源动力系统中，液压系统和气动系统通常与电力系统结合使用，以发挥各自的优势，并提高机器人的性能和效率。其中，机-点-液混合系统是混合能源动力系统的一种执行机制，下面对其进行详细说明：

机-点-液混合系统是一种将电力系统（机）、气动系统（点）和液压系统（液）相结合的混合能源动力系统。这种系统利用不同能源类型的特点，使机器人在不同任务和工作条件下能够高效地运行和执行任务。

机（Machine）：机代表电力系统，它是混合能源动力系统的主要部分之一。电力系统使用电池、太阳能电池等电源为机器人提供电能。电能通过电动驱动装置（例如电动马达）转化为机械能，从而驱动机器人的运动部件，如轮子、履带、机械臂等。电力系统主要用于提供高精度和高效率的运动控制，尤其适用于需要精确定位和执行的任务。

点（Pneumatic）：点代表气动系统，它是混合能源动力系统的一个组成部分。气动系统使用压缩空气为机器人提供动力。气压机或压缩机将空气压缩后，通过气动马达或气缸将气体能量转化为机械能，从而实现机器人的运动或特定任务的执行。气动系统通常用于快速启动和停止运动，适用于高频率的运动应用。

液（Hydraulic）：液代表液压系统，它是混合能源动力系统的一个组成部分。液压系统使用液压油为机器人提供动力。液压泵将液压油压力提高后，通过液压马达或液压缸将液压能量转化为机械能，从而实现机器人的运动或特定任务的执行。液压系统通常用于承受较大的负载和冲击，适用于需要高功率密度的任务。

通过将机-点-液混合系统相结合，建筑机器人可以在不同的工作场景和任务中充分发挥各种能源的优势。电力系统提供高精度和高效率的运动控制，气动系统提供快速响应的能力，液压系统提供较大的功率密度和可靠性。混合能源动力系统使得建筑机器人具备更广泛的适用性和更高的灵活性，可以在各种不同的施工和维护任务中高效地运行和执行任务。

5.3 建筑机器人安全性设计

5.3.1 安全性设计

建筑机器人的安全性设计是至关重要的，以确保在工作过程中保护操作员、其他工作人员以及周围环境的安全。下面是一些常见的安全性设计原则和目标，用于指导建筑机器人的设计和制造过程。

1. 安全性设计的目标和原则

（1）安全性设计目标

1）人身安全：保护操作员和其他工作人员的生命安全和身体健康是建筑机器人安全性设计的首要目标。通过确保机器人的安全性和可靠性，避免机器人在工作过程中对操作员和其他人员造成伤害。

2）环境保护：确保建筑机器人的工作不对周围环境和公众造成损害或污染。在进行建筑作业时，建筑机器人应遵循环保法规和标准，尽量减少噪声、振动和尾气排放。

3）设备安全：确保建筑机器人本身的安全性，避免机器人内部部件或系统的故障导致意外或事故。建筑机器人的关键部件和系统需经过严格的质量控制和测试，并具备高可靠性。

4）任务执行安全：确保建筑机器人在执行任务时能够准确、稳定地完成工作，不对施工项目造成危险或延误。机器人在设计和制造时，应考虑不同工作条件和场景，确保其适用性和安全性。

5）自主感知与决策：提高建筑机器人的自主感知和决策能力，使其能够及时识别潜在危险，并采取相应措施以保持安全。机器人应配备先进的传感技术和智能算法，以提高其感知和决策能力。

6）远程监控：对于无人驾驶或远程操作的建筑机器人，建立有效的监控和通信系统，以确保实时监控和干预。远程监控可以帮助及时发现问题，并采取措施进行干预，确保机器人的安全运行。

（2）安全性设计原则

1）人机合一（Human-Robot Interaction）：人机合一是建筑机器人安全性设计的基本原则之一，重点在于确保机器人与人类操作员之间的安全交互。为了实现人机合一，需要考虑以下方面：

①友好的人机界面：建筑机器人的操作界面应该设计得直观、易用，并符合人体工程学原理，以使操作员能够轻松理解和控制机器人的运动和功能。

②直观的视觉反馈：机器人应该提供清晰、直观的视觉反馈，让操作员了解机器人的状态和动作。例如，通过显示屏或指示灯显示机器人的运行状态和工作进度。

③自适应性和智能化：建筑机器人应具备一定的自适应性和智能化，能够感知操作员的意图，并作出相应的动作。这样可以提高机器人的工作效率，减轻操作员的负担，并确保机器人与操作员之间的协调和安全。

2）防止误操作：防止误操作是建筑机器人安全性设计的关键目标之一，其重要性在于预防操作员因误操作而引发事故。为实现防止误操作，需要采取以下措施：

①授权验证：对于关键操作和高风险任务，应设定授权验证机制，只有经过培训和授权的人员才能进行相应的操作。这样可以确保机器人只能由持有合格资质的操作员控制。

②明确标识和控制：建筑机器人的控制面板和操作按钮应明确标识和控制，避免混淆和误按。特别是对于涉及高风险的操作，应该使用醒目的警示标识。

③安全程序和操作步骤：对于某些高风险的操作，例如高空作业或重型装载，应设定特定的安全程序和操作步骤，要求操作员按照规定的流程进行操作，避免因不当操作而引发事故。

④错误回退和纠正：建筑机器人的控制系统应具备错误回退和纠正功能，即当操作员发现错误时，可以通过特定的控制手段进行回退或修正，避免事故发生。

⑤培训和安全意识：对建筑机器人的操作员进行必要的培训，提高其对安全性的认知和意识，教育其正确的操作方法和安全操作规程。

3）机器人自身安全：确保建筑机器人本身具有安全特性，例如装备紧急停止按钮、碰撞传感器和其他安全设备，以便在发生意外或紧急情况时迅速停止或反应。

4）避免潜在危险区域：在建筑机器人的设计中，应尽量避免将危险部件或工具直接暴露在操作员或其他工作人员附近。

5）可靠性和故障处理：确保建筑机器人的关键部件和系统具有高可靠性，且配备自动故障处理功能，以减少因故障引起的安全风险。

2. 安全性设计的方法和技巧

建筑机器人的安全性设计确保机器人在工作过程中不会对操作员、其他工作人员和周围环境造成危害。为了有效地提高建筑机器人的安全性，设计团队应采用多种方法和技巧，以下是一些常见的安全性设计方法和技巧。

（1）风险评估和分析

在安全性设计的初期阶段，进行全面的风险评估和分析是至关重要的。通过对建筑机器人的不同任务和工作条件进行细致的分析，识别潜在的安全风险和危险因素。在评估中，要考虑到人员、设备和环境等各方面的安全因素，以制定相应的安全措施。

（2）人机合一设计

人机合一设计是指建筑机器人与操作员之间的安全交互。在设计机器人的控制面板和用户界面时，要确保其友好、直观，符合人体工程学原理。采用大按钮、明确标识和图形化界面等方式，降低误操作的风险。

（3）限制授权和权限验证

对于涉及高风险任务和操作的建筑机器人，应设定授权验证机制，确保只有经过培训和授权的人员才能进行相应的操作。这样可以避免未经许可的人员对机器人进行操作，降低事故的发生概率。

（4）紧急停止装置

建筑机器人应配备紧急停止装置，操作员或其他人员一旦发现紧急情况，可以通过按下紧急停止按钮迅速停止机器人的运动和操作。这样的设计可以在紧急情况下及时制止潜在的危险。

（5）安全边界和防护区域

在机器人的运动控制中，设置安全边界和防护区域是一种常用的安全性设计技巧。通过设定禁止区域和限制区域，避免机器人与人员或障碍物发生碰撞，确保机器人的运动安全。

（6）自动故障处理

建筑机器人的控制系统应具备自动故障处理功能，一旦发现系统故障或异常情况，能够自动停止机器人的运动或采取相应的纠正措施，以减少由故障引起的安全风险。

（7）合规性和标准符合

建筑机器人的设计和制造应符合适用的安全标准和法规。建筑机器人制造商应对机器人进行严格的质量控制和测试，确保其安全性符合相关标准。

通过综合运用这些安全性设计方法和技巧，建筑机器人的设计团队可以最大限度地提高机器人的安全性和可靠性。同时，建筑机器人的用户也应严格遵守安全操作规程和使用手册，确保安全性设计的有效实施和落实。只有在充分考虑安全性的前提下，建筑机器人才能在工作中发挥其潜力，为建筑行业带来更高效、安全和可持续的发展。

5.3.2　安全性监测和控制

1. 安全性监测和控制的方法和技巧

当涉及建筑机器人的安全性设计时，安全性监测和控制是至关重要的方面。这些方法能够确保机器人在工作过程中持续监测其状态和周围环境，采取相应的控制措施，以避免潜在的危险。以下是建筑机器人安全性设计中安全性监测和控制的一些常见方法：

（1）安全传感器

建筑机器人应配备各种安全传感器，以实时感知周围环境和障碍物。常见的安全传感器包括碰撞传感器、红外传感器、激光雷达、超声波传感器等。这些传感器可以检测机器人是否接近障碍物或其他物体，以便在接近时及时停止或采取避免和规避碰撞的措施。

（2）视觉系统

视觉系统是一种重要的安全性监测技术，可以使建筑机器人通过摄像头或其他视觉传感器获取周围环境的图像信息。通过图像处理和识别技术，机器人可以检测和识别周围环境中的障碍物、人员和其他重要特征，从而进行安全决策和控制。

（3）环境感知和定位技术

环境感知和定位技术是确保机器人能够准确感知自身位置和周围环境的关键技术。全球定位系统（GPS）和激光雷达等技术可以为机器人提供准确的定位和导航信息，确保其在工作中保持在安全范围内。

（4）人体检测和识别

对于与人类操作员或其他工作人员共同工作的建筑机器人，人体检测和识别技术是非常重要的。这些技术可以确保机器人能够识别并避免与人员发生碰撞，从而保护人员的安全。

（5）机器学习和智能算法

建筑机器人的安全性设计中，机器学习和智能算法可以提高机器人的自主感知和决策能力。通过对大量数据的学习和分析，机器人可以预测潜在的安全风险，并根据情况采取相应的控制策略。

（6）安全性监控和远程控制

对于无人驾驶或远程操作的建筑机器人，建立有效的安全性监控和远程控制系统非常重要。通过监控系统，操作员可以实时监测机器人的运行状态和周围环境，并在必要时采取远程控制措施。

（7）定期检查和维护

定期对建筑机器人进行检查和维护，确保其关键部件和系统处于良好工作状态，及时发现并修复潜在的问题，避免因设备故障引发意外。

以上方法可以在对建筑机器人的安全性监测与控制提供保障的同时也保证了用户使用安全。

2. 安全性监测和控制的系统和软件

建筑机器人的安全性监测和控制系统包括硬件和软件两个方面。硬件部分主要涉及传感器、执行器和紧急停止装置等，而软件部分涉及控制算法、安全决策系统以及远程监控和故障处理等。

（1）硬件部分

1）碰撞传感器：碰撞传感器用于检测建筑机器人与障碍物之间的接触，一旦机器人接近或碰撞到障碍物，传感器将发出信号，触发紧急停止或避免碰撞的措施。

2）红外传感器和激光雷达：红外传感器和激光雷达用于实时感知建筑机器人周围环境和障碍物的位置。通过这些传感器获得的数据，机器人可以构建地图或感知环境中的障碍物，从而规划安全路径。

3）视觉系统：视觉系统通过摄像头或其他视觉传感器获得周围环境的图像信息，可以用于识别人员、障碍物和其他关键特征，辅助安全决策。

4）执行器：建筑机器人实现运动和操作的关键部件，主要包括电机、液压系统和气动系统等。机器人通常采用伺服电机或步进电机作为驱动系统，以控制其移动、旋转或进行精确的机械操作。对于需要较大力矩或负载的作业场景，如重型材料搬运或施工机械操作，则使用液压执行器，而在轻量化应用中，气动执行器可用于完成夹持、伸缩或调节作业工具角度等动作。此外，建筑机器人还配备机械臂和抓取机构，以执行自动化砌砖、焊接、钻孔等复杂施工任务，从而提高施工精度和安全性。

5）紧急停止装置：紧急停止装置是建筑机器人的关键安全设备之一，一旦发生紧急情况，操作员或其他工作人员可以通过按下紧急停止按钮迅速停止机器人的运动和操作。

6）环境感知和定位技术：建筑机器人通过多传感器融合（激光雷达、摄像头、IMU等）结合 SLAM 算法与障碍物检测技术，实现复杂建筑环境中的高精度定位与动态环境感知。

（2）软件部分

1）控制算法：控制算法是建筑机器人安全性监测和控制的核心。这些算法负责处理传感器数据，分析环境信息，并根据预设规则进行安全决策。常见的控制算法包括路径规划、避障算法、自适应控制等。

2）安全决策系统：安全决策系统基于控制算法的结果，对机器人的动作和运动进行安全性评估和决策。例如，在发现障碍物或意外情况时，安全决策系统会采取紧急停止、回退或改变路径等措施。

3）远程监控和故障处理：部分建筑机器人是无人驾驶或远程操作的，远程监控和故障处理系统能够实时监测机器人的状态，发现故障或异常情况，并远程控制或采取纠正措施。

4）智能感知和学习：机器人安全性监测和控制的软件中可以加入智能感知和学习功能。通过机器学习和数据分析，机器人可以对环境进行更精确的感知，预测潜在的危险，从而提高安全性。

5）用户界面：用户界面是建筑机器人操作员与系统交互的平台。合理设计的用户界面可以提供清晰的安全警示信息和操作指导，使操作员更好地了解机器人的运行状况和安全性。

（3）系统整合与测试

为确保建筑机器人的安全性监测和控制系统能够稳定运行和可靠工作，需要对硬件和软件进行系统整合和测试。这包括验证传感器的准确性、稳定性和灵敏度，测试控制算法的可靠性和安全性，以及验证整个系统的功能和性能。

安全性监测和控制是建筑机器人的重要组成部分，通过有效的硬件设备和智能软件，建筑机器人可以实时感知和评估周围环境，避免潜在的危险，确保人员安全和机器人设备的完整性。综合运用硬件和软件方面的安全性设计，可以大大提高建筑机器人的安全性和可靠性，促进其在建筑领域的广泛应用。在设计和制造阶段，需要充分考虑安全性，进行全面的测试和验证，以确保建筑机器人能够在复杂多变的施工环境中安全运行。此外，建筑机器人的操作员和维护人员应接受必要的培训和教育，增强其安全意识和操作技能，以确保安全性设计的有效执行和落实。只有在安全性设计的保障下，建筑机器人才能更好地为建筑行业带来效率和可靠性的提升。

5.4 建筑机器人可靠性设计

5.4.1 可靠性设计原则

1. 可靠性设计的目标和原则

建筑机器人的可靠性设计旨在确保机器人在各种工作条件下能够持续稳定地运行，并保障其任务的成功完成。

（1）可靠性设计的目标

可靠性设计的目标是减少机器人的故障率，提高系统的可用性和维修性，降低维护成本，同时确保机器人对操作员和周围环境的安全。

1）可用性目标

①提高系统稳定性：确保机器人的设计和制造符合高质量标准，使用可靠的材料和组件，以提高系统的稳定性和耐用性。

②降低故障率：通过对关键部件的选择和优化，以及严格的质量控制和测试，降低机器人的故障率，延长其使用寿命。

③快速维修和更换：设计机器人时应考虑到易损件的易于更换，以便在故障发生时能

够快速进行维修和更换，减少停工时间。

2）安全性目标

①人机合一：确保机器人的设计和操作界面符合人体工程学原理，易于操作和理解，降低误操作的风险。

②安全传感器和监控：配备先进的安全传感器和监控系统，实时感知周围环境和障碍物，避免与人员或其他设备发生碰撞。

③紧急停止装置：设置紧急停止装置，一旦发现紧急情况，能够迅速停止机器人的运动和操作，确保安全。

3）维护性目标

①可拆卸组件：设计机器人时应考虑到各个组件的可拆卸性，以便在需要维护或更换部件时，可以方便地进行操作。

②维护提示和监测：配备维护提示和监测系统，监测机器人各部件的工作状态，提供及时的维护提示，防止因疏忽而导致故障。

③维护培训：为操作员和维护人员提供充分的维护培训，增强其维护技能，确保正确的维护和保养。

4）适应性目标

①多样化任务：设计机器人时应考虑到其多功能性和适应性，以适应不同的施工任务和工作场景。

②环境适应：机器人应具备适应不同环境和工作条件的能力，例如适应不同的地形和气候条件。

5）高效性目标

①优化设计：通过系统性的优化设计，减少不必要的能量消耗和部件磨损，提高机器人的工作效率。

②自动化技术：引入自动化技术，如自主导航、路径规划等，提高机器人的自主性和工作效率。

6）可持续性目标

①节能环保：在设计建筑机器人时应考虑节能环保因素，选择能效高的动力系统和材料，减少对环境的影响。

②可回收性：设计机器人时应考虑到材料的可回收性，降低资源浪费，减少废弃物的产生。

③可升级性：考虑到技术的不断发展，机器人的设计应具备可升级性，方便未来引入新技术和功能。

（2）可靠性设计的原则

建筑机器人的可靠性设计还遵循一系列重要的原则，这些原则对于确保机器人的安全性和可靠性至关重要。以下是建筑机器人可靠性设计的几个基本原则：

1）安全优先原则

建筑机器人的可靠性设计首先要考虑安全性。无论是在机器人的硬件设计还是软件设计阶段，都必须将安全性置于首位。确保机器人在操作过程中能够实时感知周围环境、避免障碍物、防止与人员或其他设备碰撞，以及在紧急情况下能够迅速停止运动，从而保障人员和设备的安全。

2）简化和可靠性原则

可靠性设计要尽量简化机器人的结构和控制系统。简化的设计有助于减少故障点，提高系统的稳定性和可靠性。避免过度复杂的机械结构和控制算法，以降低维护和故障处理的难度，提高机器人的可维修性。

3）可维护性原则

可靠性设计要注重机器人的可维护性。机器人的各个组件应设计为可拆卸和易于更换，方便在故障发生时进行快速维修和更换。此外，为操作人员和维护人员提供充分的培训和教育，提高其维护技能，确保正确的维护和保养。

4）高质量原则

建筑机器人的可靠性设计要坚持高质量的标准。选择优质的材料和组件，确保机器人的制造过程符合质量控制标准，从而提高系统的稳定性和耐用性，降低故障率。

5）智能化和自主性原则

在可靠性设计中，引入智能化和自主性技术是非常重要的。通过机器学习和人工智能等技术，建筑机器人可以对环境进行感知和学习，预测潜在的危险，自主作出安全决策和控制动作。

6）持续改进原则

建筑机器人的可靠性设计是一个持续改进的过程。在机器人的整个生命周期中，不断进行性能评估、故障分析和优化改进，以确保机器人在长期运行中保持稳定和可靠。

通过遵循上述目标和原则，建筑机器人的可靠性设计可以最大限度地提高机器人的性能和稳定性，降低故障率，确保其在复杂多变的建筑施工环境中安全可靠地运行。可靠性设计的成功实施将促进建筑机器人的广泛应用，推动建筑行业向智能化、高效化和可持续化方向发展。同时，为了确保可靠性设计的有效执行，建筑机器人的操作员和维护人员应接受专业的培训和教育，增强其安全意识和维护技能，共同维护建筑机器人的安全和可靠运行。

2. 可靠性设计的方法

建筑机器人的可靠性设计涉及多个方面，包括硬件设计、软件设计、人机交互设计和维护保养等。下面详细介绍建筑机器人可靠性设计的方法：

（1）可靠性需求分析：在可靠性设计的初期，进行可靠性需求分析是非常重要的一步。通过与用户和利益相关者沟通，了解机器人的使用场景、工作环境以及对安全性、可用性和稳定性等方面的需求。在需求分析的基础上，明确可靠性指标和目标，为后续的设计和测试提供依据。

（2）硬件设计优化：在硬件设计阶段，要选择高质量的材料和组件，进行合理的结构设计和工艺选择。避免过度复杂的机械结构，提高系统的稳定性和可靠性。此外，要考虑防护措施，保护关键部件免受外部损害，如加装防尘、防水、防撞等装置。

（3）软件设计和控制算法：在软件设计阶段，采用高质量的编程和控制算法，确保系统的稳定性和可靠性。引入自适应控制和避障算法，使机器人能够在复杂多变的环境中自主规划路径和避免障碍物，降低事故发生的可能性。

（4）多传感器融合技术：采用多传感器融合技术可以提高机器人对环境的感知能力。

将多种传感器的数据融合，可以得到更准确的环境信息，帮助机器人更好地进行决策和控制。

（5）红外监测和故障预警：在硬件设计中加入红外监测和故障预警系统，能够实时监测机器人各个部件的工作状态，提前发现潜在故障，并及时采取措施修复，避免事故发生。

（6）自主维护和健康监测：建筑机器人的可靠性设计中要考虑自主维护和健康监测功能。机器人可以通过自主维护和健康监测，及时发现和解决问题，减少维护人员的干预。

（7）环境适应能力：考虑到建筑施工环境的复杂性，建筑机器人应具备一定的环境适应能力，能够适应不同的地形、气候和光照条件，保持稳定的运行和控制能力。

（8）维护培训：为操作员和维护人员提供充分的维护培训，使其了解机器人的结构和工作原理，掌握正确的维护和保养方法，确保机器人长期稳定运行。

（9）故障分析和改进：在建筑机器人的使用过程中，及时对发生的故障进行分析，并针对性地进行改进。通过持续的故障分析和改进措施，不断提高机器人的可靠性和稳定性。

（10）可持续性设计：考虑到建筑机器人的长期使用，设计阶段应注重可持续性。选择节能环保的动力系统和材料，降低资源浪费，减少废弃物的产生。

（11）系统整合与测试：在整个建筑机器人的设计和制造过程中，进行系统整合和全面的测试非常重要。对硬件和软件进行系统集成和测试，验证其功能和性能，确保机器人的稳定性和可靠性。

（12）不断优化：建筑机器人的可靠性设计是一个不断优化的过程。通过持续的研发和改进，引入新的技术和优化措施，提高机器人的可靠性和性能。

综合运用上述方法，建筑机器人的可靠性设计可以最大限度地提高机器人的稳定性、安全性和可用性，确保其在复杂多变的建筑施工环境中稳定可靠地运行。同时，操作员和维护人员应严格按照操作手册和维护指南执行工作，确保可靠性设计的有效执行和实施。

5.4.2 可靠性测试和验证

1. 可靠性测试和验证的方法

建筑机器人的可靠性测试和验证是确保机器人在实际工作场景中稳定可靠运行的重要环节。以下是建筑机器人可靠性测试和验证的方法：

（1）功能性测试：对建筑机器人进行功能性测试，验证其各项功能是否正常工作。测试包括机器人的移动、导航、避障、起重、喷涂等功能，确保每个功能在实际场景中能够正确执行。

（2）环境适应性测试：在不同的工作环境和场景中测试机器人的适应性。例如，在不同地形、光照条件、气候等环境下测试机器人的运动和控制能力，确保其能够在多样化的环境中稳定运行。

（3）耐久性测试：对机器人进行长时间的运行测试，以模拟实际的工作条件和使用寿命。通过耐久性测试，评估机器人在长期使用过程中的稳定性和可靠性。

（4）静态和动态负荷测试：对机器人的各个部件和组件进行静态和动态负荷测试，测试其承载能力和耐久性。例如，在起重机器人中，测试其起重臂和钢丝绳的最大负荷，确保其能够承受重量。

（5）故障模拟测试：通过模拟故障情况，测试机器人的自动故障检测和应对能力。例如，模拟传感器故障或电池电量不足情况，测试机器人是否能够及时识别并采取相应措施。

（6）安全性测试：对机器人的安全性能进行全面测试。测试机器人的安全传感器和监控系统，确保其能够及时感知周围环境和障碍物，避免与人员或其他设备碰撞。

（7）自主导航测试：对机器人的自主导航系统进行测试，验证其在不同场景下的导航准确性和稳定性。测试机器人是否能够实时规划路径并避开障碍物。

（8）模拟实际任务：进行模拟实际建筑任务的测试，将机器人置于实际建筑施工场景中，测试其在复杂多变的环境中的表现。例如，模拟机器人进行钢结构安装或喷涂作业，测试其操作和控制能力。

（9）可靠性评估和分析：根据测试结果，进行可靠性评估和分析。通过收集数据，计算可靠性指标，如故障率、平均无故障时间、失效模式等，评估机器人的可靠性水平。

（10）实地验证：在实际建筑工地进行验证测试，让机器人真正面对实际施工环境和任务，从而更全面地评估机器人的可靠性和性能。

（11）逐步迭代改进：根据测试和验证结果，逐步对机器人进行改进和优化。持续进行技术升级和性能改进，提高机器人的可靠性和工作效率。

综合运用上述方法，建筑机器人的可靠性测试和验证可以确保机器人在实际工作场景中稳定可靠地运行，满足建筑施工的需求，提高施工效率，并确保施工现场的安全。同时，测试和验证的数据和结果对于建筑机器人的持续改进和优化也具有重要的指导意义。

2. 可靠性测试和验证的系统和软件

（1）可靠性测试和验证的系统

1）传感器系统：包括多种传感器，如激光雷达、摄像头、红外传感器、超声波传感器等，用于感知机器人周围的环境和障碍物。传感器系统负责实时采集环境数据，帮助机器人进行导航和避障。

2）导航和定位系统：这些系统帮助机器人实现自主导航和定位。通过使用全球定位系统（GPS）、惯性导航系统（IMU）、视觉 SLAM 等技术，机器人能够准确地知道自己的位置和姿态，从而规划路径和避开障碍物。

3）控制系统：建筑机器人的控制系统是核心部件，负责对机器人的各项动作进行控制。控制系统可以由单片机、嵌入式系统或者工控机构成，根据机器人的规模和复杂程度选择相应的控制方案。

4）通信系统：通信系统用于建筑机器人与控制中心或者操作者之间的数据交流。通过无线通信技术，控制中心可以实时监控机器人的状态并发送指令。

5）视觉识别系统：建筑机器人通常配备视觉识别系统，通过摄像头和图像处理算法实现对目标、地形和障碍物的识别和分析，从而帮助机器人作出相应的决策和控制动作。

6）软件系统：建筑机器人的可靠性测试和验证需要编写和运行各种软件程序，用于控制机器人、收集数据、分析结果等。这些软件通常包括机器人控制软件、导航算法、图像处理软件、故障诊断程序等。

7）数据记录与分析系统：用于记录和分析机器人的运行数据。通过收集和分析机器人的运行数据，可以评估机器人的性能和稳定性，并指导后续的优化和改进工作。

8）虚拟仿真系统：在测试和验证过程中，有时候需要在虚拟环境中进行仿真，以模拟不同的场景和任务，可以帮助快速测试与验证算法和控制策略。

9）故障模拟系统：用于模拟机器人在不同故障情况下的反应和应对措施。故障模拟系统帮助评估机器人的自动故障检测和应对能力。

10）系统监控与诊断系统：用于实时监控机器人的状态和性能。系统监控与诊断系统能够检测机器人的异常行为和故障情况，并及时报警或采取相应措施。

以上系统和软件在建筑机器人的可靠性测试和验证中扮演着关键的角色。通过这些系统和软件的协同工作，可以全面评估机器人的性能和可靠性，并指导机器人的改进和优化工作。同时，这些系统和软件也是建筑机器人实现自主导航、智能操作和故障诊断等功能的重要支撑。

（2）可靠性测试和验证的软件

1）模拟仿真软件：用于在虚拟环境中模拟建筑机器人的运行和工作场景，以验证算法和控制策略。一些常用的模拟仿真软件包括：

①ROS（Robot Operating System）：ROS是一个开源的机器人操作系统，提供了一系列的工具和库，用于机器人的模拟、导航、控制等。

②Gazebo：Gazebo是一个先进的三维机器人仿真环境，支持多种传感器模拟和机器人控制。

2）控制和导航算法软件：用于编写和测试建筑机器人的控制和导航算法。一些常用的软件包括：

①MATLAB/Simulink：MATLAB是一种常用的科学计算软件，Simulink是其图形化建模工具，可用于开发控制算法。

②Python：Python是一种流行的编程语言，有许多用于机器人控制和导航的库，如PyRobot、PyBullet等。

3）数据记录与分析软件：用于记录建筑机器人的运行数据，并进行数据分析和评估。一些常用的软件包括：

①Excel：Excel是常用的数据分析工具，可用于对机器人的测试数据进行处理和分析。

②数据库管理系统：使用数据库管理系统存储和查询机器人的大量运行数据。

4）故障模拟软件：用于模拟机器人在不同故障情况下的反应和应对措施，验证其自动故障检测和应对能力。常用的故障模拟软件通常由研究机构和机器人制造商自行开发。

5）可视化界面软件：用于显示机器人的状态、导航路径、任务进度等信息，方便操作者实时监控和控制机器人。常用的可视化界面软件为HMI（Human Machine Interface），HMI软件用于创建机器人的人机交互界面，方便操作者对机器人进行控制和监控。

需要注意的是，建筑机器人的可靠性测试和验证涉及多个系统和软件的综合运用。不同的建筑机器人可能会使用不同的软件组合，根据具体的机器人型号、任务需求和研发团队的偏好来选择合适的软件。同时，建筑机器人的软件开发通常需要涵盖多个学科领域，如机器人技术、计算机视觉、控制理论等，需要跨学科的专业知识和技术。

复习思考题

1. 建筑机器人包括哪几种底盘结构？不同底盘结构的建筑机器人有什么特点？

2. 建筑机器人的上层执行机构有哪些装置？对应的适应场景有哪些？

3. 建筑机器人的调度系统包括哪几种？基本原理分别是什么？

4. 建筑机器人的安全性与可靠性设计的目标和原则分别有哪些？

第**6**章 > 建筑机器人的应用案例

本章要点及学习目标

1. 了解常见建筑机器人的种类及其作用，建立对建筑机器人的全面认识。
2. 深入了解建筑机器人的工作原理、配备的机器人技术及其功效。

6.1 建筑结构组装和装配的应用案例

6.1.1 建筑砌筑机器人的应用案例

1. 砖瓦施工机器人

（1）砖瓦施工机器人的工作原理和应用

砖瓦施工机器人是一种自动化的砖瓦施工设备，如图 6-1 所示，它可以实现砖瓦堆砌施工自动化，大大提高了施工效率和质量，同时也减少了工人的劳动强度和安全风险。

图 6-1　砖瓦施工机器人

砖瓦施工机器人通过先进的传感技术和控制系统来实现自动化的砖瓦施工，由砖瓦输送系统、机械控制系统、传感器、操作面板等部分组成。机械控制系统是机器人的核心部分，它可以将砖瓦夹取输送到指定堆砌点，通过控制系统和传感器来实现砖瓦的高精度定点堆砌，通过操作面板可以实现对机器人的远程控制。

（2）砖瓦施工机器人的结构和控制技术

上海某科技公司自主研发了一套机器人现场自动化砖构的解决方案，包括地面移动机器人平台、高空机器人工作平台、现场预制机器人工作站等多套技术方案，适用于多种不同的现场建造条件，可以精准地满足定制化砖墙的建造需求。

（3）砖瓦施工机器人的应用案例和评估

南桥源城市更新二号院改造一期工程，位于上海市奉贤区，总建筑面积为 $5065m^2$，如图 6-2 所示。项目中有着奉贤境内唯一留存至今的 20 世纪 20 年代的园林式建筑——沈家花园主楼。案例改造将对主楼作修缮处理，对周边其他房屋进行改造工作。园区内除主楼以外的其他建筑立面风格驳杂，设计计划采用机器人砌筑墙体的方式对整个园区的附楼进行改造和统一，从而在整体上呈现出新老建筑和谐共存而又有新旧对比的建筑场景感。

图 6-2 南桥源城市更新二号院改造一期工程

根据现场的施工场地情况，施工团队进行了场地的规划和施工项目的准备工作。项目由两台预制化砌筑设备昼夜不停地进行预制化生产，另外两台地面移动砖构机器人平台则根据施工工况（天气是否下雨、是否具备充足操作面）进行预制化生产和现场砌筑的灵活选择，另有两台移动升降机器人平台进行现场砌筑的工作。

2. 混凝土浇筑机器人

（1）混凝土浇筑机器人的工作原理和应用

混凝土浇筑机器人是一种自动化的混凝土浇筑设备，它可以实现混凝土的自动浇筑，大大提高了施工效率和质量，同时也减少了工人的劳动强度和安全风险。

混凝土浇筑机器人通过先进的传感技术和控制系统来实现混凝土的自动浇筑，它由混凝土输送系统、控制系统、传感器、操作面板等部分组成。混凝土输送系统是机器人的核心部分，它可以将混凝土从搅拌站输送到浇筑点，通过控制系统和传感器来实现混凝土的自动浇筑，操作面板可以实现对机器人的远程控制。

（2）混凝土浇筑机器人的结构和控制技术

以 Aeditive 公司的 3D 混凝土打印生产机器人为例：

机器人主要由两台 KUKA 六轴机器人组成，既可以在固定位置使用，也可以移动打印，如图 6-3 所示。这款工业机器人具有出色的性能，机器最大负载能力达到 300kg，工作范围高达 3900mm，强大的功能与紧凑的设计使得机器人尤其适用于高度污染、高湿度和高温环境。

这类通过使用喷射混凝土技术制造混凝土构件的机器人在混凝土建筑构件的 3D 打印

图 6-3　Aeditive 3D 混凝土打印生产机器人

中发挥着关键作用。在混凝土构件的制造过程中，一台打印机器人负责引导混凝土喷嘴，另一台机器人与之协同工作，同步组装建筑构件的主体。并且，这类创新型自动化工艺还能以 3D 打印的方式制造一体化的混凝土承重构件，如图 6-4 所示。

图 6-4　喷射混凝土喷嘴协同浇筑工作

Concrete 3D 混凝土打印生产机器人包括材料储存容器、混凝土搅拌组件、水电供应装置和机器人软件辅助控制系统。设备能够始终部署在距离施工作业区较近的位置，例如预制构件生产工厂、施工点等。

（3）混凝土浇筑机器人的应用案例和评估

在大型建筑项目中，混凝土浇筑机器人可以大大提高施工效率，降低工人的劳动强度和安全风险。它可以自动将混凝土从搅拌站输送到浇筑点，准确地浇筑混凝土，同时可以通过传感器实时监测混凝土的厚度和均匀性，根据需要调整浇筑速度和厚度，确保混凝土的质量和施工效率。

在高空建筑施工中，混凝土浇筑机器人可以避免工人高空作业的安全风险，同时也可以提高施工效率。它可以通过远程操作实现混凝土的自动浇筑，减少人工浇筑的时间和风险。在一些特殊施工环境中，如隧道、桥梁等施工场所，混凝土浇筑机器人可以代替工人进行混凝土浇筑，减少了人工成本，确保施工安全。

随着科技的不断发展和进步，混凝土浇筑机器人的应用将会越来越广泛。未来，混凝土浇筑机器人将会更加智能化和自动化，可以根据施工需要自动调整浇筑速度和厚度，实现混凝土的精准浇筑。同时，混凝土浇筑机器人的应用范围也将会越来越广泛，可以应用于各种建筑。

3. 建筑材料搬运机器人

（1）建筑材料搬运机器人的工作原理和应用

建筑材料搬运机器人可用于高层住宅建筑、商业办公楼的不同层次结构的混凝土布料浇筑，包括建筑墙体、梁、柱和楼板等的布料。这一布料操作仅需要一个人即可完成。机器可以根据操作人员的运动方向指令来自动控制搬运机器大小臂之间的协同运动，确保出料口随操作人员移动，使得整个混凝土布料操作过程简单便捷。

（2）建筑材料搬运机器人的结构和控制技术

12m 智能随动式材料搬运机器人主要用于地下基地及地上构筑物的混凝土浇筑，如图 6-5 所示。整机有底座、大臂、配重、配重臂和吊管五部分，设备有自动、随动、点动、人工四种操作模式，各操作模式之间可以自由切换。

图 6-5　12m 智能随动式材料搬运机器人

在自动模式下，设备能按实际需要生成工作路径，在覆盖范围内进行自动布料。施工过程中，人员可随时介入，满足不同场景的使用。其自动均匀度高的特性，可联动混凝土施工系列机器人，实现布料、整平、抹光全过程的自动化作业，大幅减少了用工量。

在随动模式下，材料搬运机器人根据指令联合运动大臂和配重，免除人工牵引大小臂的操作需求，实现一人轻松完成布料工作的效果。

机器另有点动模式和人工模式，可满足不同用户的使用需求。

（3）建筑材料搬运机器人的应用案例和评估

建筑材料搬运机器人已在多地的智能制造项目中得到广泛应用，累计完成作业面超20 万 m²，大幅提升了项目建设的效率与质量。根据机器人实验室测试，智能随动式材料搬运机器人操作简单易学，传统混凝土施工工人经短时间培训即可上岗操作。同时，操作人员数量需求少，机器使用寿命长。总的来说，使用智能机器施工具备以下优点：

1）省人：与传统布料机相比，可减少 2 名操作工人，更有自动布料功能可供选择，进一步降低布料成本；

2）安全：机器人有十项自主研发安全保障设计，关键部位加强，施工安全性及人身保护性能优于市面竞品；

3）简化：通过算法减少摆动，语音提示简化操作；

4）高质量：精细制造，专业检测把控，产品可靠性高，使用寿命长。

6.1.2　建筑钢结构组装机器人的应用案例

1. 建筑钢结构组装机器人的工作原理和应用

建筑钢结构组装机器人主要适用于钢结构中小零部件的焊接，梁柱等大构件的筋板、肋板焊接，位置比较集中、焊缝累计长度较长、无规则的钢结构焊接，可广泛应用于钢结构建筑、造船、桥梁、海工、装备等多个领域。

2. 建筑钢结构组装机器人的结构和控制技术

建筑钢结构组装机器人工作站（灵巧焊接机器人）由六轴协作机器人、移动式机械台架、焊机、送丝机、焊丝盘架及相关功能部件组成，可悬挂气瓶，如图 6-6 所示。采用机器人焊机通信、上位机焊接工艺规划等技术，实现人机协同高效作业，形成柔性化焊接工作站。机器人实现模块化全集成设计，维护简单方便，特别适用于小批量、多品种、无规则、非标定制、尺寸变化大、装配精度低等特点的金属件焊接。

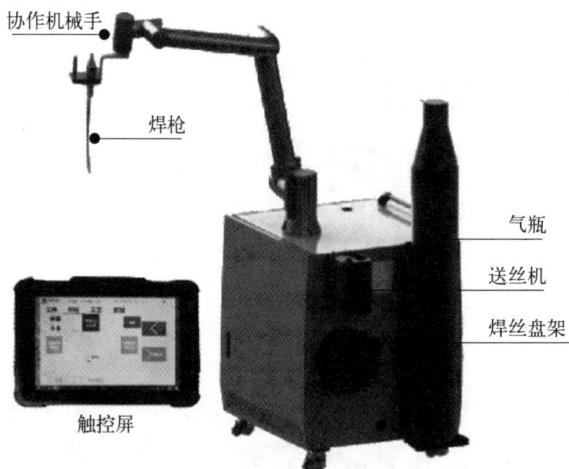

图 6-6　建筑钢结构组装机器人工作站

建筑钢结构组装机器人占地面积小，可依据使用要求和位置需要，自由移动机械台架推拉或吊装至指定位置，在焊接大尺寸、重型部件等不适宜转运的产品时具有明显优势。机器人配备有工业级触控平板电脑，可远程联网，人机交互界面友好，采用机器人拖动式示教编程，可优化焊接工艺库，自动生成焊接工艺参数，极大降低对操作工的技术和技能要求。普通操作工经过短时间的培训即可上岗操作。

3. 建筑钢结构组装机器人的案例和评估

1986 年自动水平焊接设备首次应用于国内建设单位的总承包管理，是国内焊接自动化设备在建筑钢结构施工现场的首次应用。

2005 年，在鸟巢工程施工期间，弧焊机器人已应用于钢结构现场施工。该机器人基本满足了鸟巢钢结构焊接现场施工的要求。随后，伴随着机器人焊接设备升级，弧焊机器人已经具有焊接轨迹教学、焊接参数存储记忆、焊接电源协同控制等功能，实现了焊接弧压跟踪控制等技术。

此外，梁贯通节点弧焊机器人也开发应用成功。近年来，弧焊机器人已成功应用于港珠澳大桥钢箱梁 U 形肋焊接。相关公司为此开发了自动组装和机器人定位焊接系统、U 形肋和板肋机器人焊接系统、横隔板机器人焊接系统、腹板轨道机器人焊接系统，并建立了正交异板机器人焊接生产线。同时，这些公司还开发了小型弧焊机器人，用于斜底板对接焊和索塔钢锚箱之间的焊接。在桥梁领域焊接机器人已经获得了成功的应用。

从上述机器人焊接技术在钢结构工程中的应用可以看出，弧焊机器人在桥梁钢结构领域的应用已经相对成熟，得到了行业的广泛认可。然而在建筑钢结构领域，仍处于起步阶段。机器人焊接批量小、构件结构复杂或制造安装精度低等问题，导致实际焊接过程中工件定位难度高，操作效率低。但随着建筑钢结构构件模块化、系列化和标准化的推进，机器人智能化程度的提高，焊接数据库的完善，机器人焊接技术有望在建筑钢结构行业发挥更重要的作用。

6.1.3 建筑输送机器人的应用案例

1. 通用物流机器人

（1）通用物流机器人的工作原理和应用

通用物流机器人主要应用于工地内的建筑材料搬运任务，具有自动导航、栈板辨识、叉取以及障碍物检测识别等多项功能，如图 6-7 所示。通过物流调度系统，这些机器人能够与室内客梯、施工电梯进行智能互动，实现运输自动化，无需人工干预。

（2）通用物流机器人的结构和控制技术

通用物流机器人是一款全自动物料运输设备，可实现夜间无人化作业。设备通过智能转运中心系统进行物料下单，在码垛拣选完成后，机器人可按照设置时间开始工作，取料时机器人使用 3D 视觉技术识别栈板的位置和角度，自动移到取料点，准确叉取栈板。

图 6-7 通用物流机器人

机器人具备自动导航、自动停障等功能。机器人可自动导航到电梯候梯点，与加装了智能呼梯模块的室内外电梯进行交互，实现自动呼梯、开门保持、自动乘梯、出梯等功能。卸料时机器人准确识别卸料点空间，完成自动卸料。

（3）通用物流机器人案例和评估

目前机器人已在部分人才房项目应用，实现了全自动化施工作业，最大工作功效可达 1.6t/h，可实现 24h 施工作业，搬运水泥、腻子、瓷砖、油漆等物料。根据机器人实验室测试，机器具备以下优点：

1）高效率：运力输出稳定，可与智能电梯自动交互，支持长时间连续作业；

2）智能化：物料精细化管理、智能调度，实时状态反馈，物料使用情况可回溯；

3）省人工：运输作业过程全自动，节省人工成本；

4）安全性：设备安全，运输过程智能化，无人员伤害风险。

2. 砌块搬运机器人

（1）砌块搬运机器人的工作原理和应用

砌块搬运机器人主要用于砌块搬运工作，功能包括自动上砖、乘梯、下砖等，此外，机器人还提供远程监控、数据报告功能，并能在搭配栈板后用于搬运袋装砂浆、腻子等袋装建筑材料，可适用于商品房、厂房等施工场景，满足砌块搬运需求，如图6-8所示。

图 6-8　砌块搬运机器人

（2）砌块搬运机器人的结构和控制技术

砌块搬运机器人用于混凝土砌块、砂浆等物料的全自动搬运。其作业流程包含以下步骤：

1）接收工单后，进行规划路径，并自动行驶至指定作业位置，并通过3D视觉技术精准识别机器人与砌块之间的相对位置及角度偏差，完成二次调整；

2）调整完成后，机器人液压系统装置直接夹取砌块，免除栈板搬运及回收环节，运输过程中机器人基于多级调度系统自动导航、自动避障等功能，实现砌块智能化无人搬运；

3）当机器人行驶至电梯候车点时，通过智能呼梯模块实现开门保持，实现自动呼梯、自动乘梯、出梯功能，完成跨楼层搬运作业；

4）到达指定卸料点后，机器人自动智能识别卸料空间进行自动卸料并返程继续搬运。

（3）砌块搬运机器人案例和评估

目前，砌块搬运机器人已在多地的项目稳定应用，综合搬运功效约为 $4.2m^3/h$，可长时间连续作业，搬运各种尺寸及外形的砌块、砂浆等。根据实验室测试，机器人具备以下优点：

1）高效率：机器人综合效率 $3.6m^3/h$，约为人工的两倍；

2）安全性：具备超声波、安全触边双重防护的保障；

3）多功能：适用于砌块、砂浆等建筑材料的搬运；

4）智能化：实现自动上砖、乘梯和下砖等功能。

6.2　建筑装饰工程的应用案例

6.2.1　腻子打磨机器人的应用案例

1. 腻子打磨机器人的工作原理和应用

腻子打磨机器人用于建筑内墙、顶棚的腻子打磨，能够进行智能恒力打磨、智能路径规划、自动导航、集尘排灰及移动端远程操作等。通过参数化的打磨设置，机器人能够提供可靠稳定的打磨服务，广泛适用于包括住宅、办公楼等各类建筑的工业装修及精装修场景，如图6-9所示。

图 6-9　腻子打磨机器人

2. 腻子打磨机器人的结构和控制技术

腻子打磨机器人主要用于室内装修中墙面和顶棚的腻子自动打磨

施工，可沿着规划路径实现自主行走并自动完成腻子打磨作业。

腻子打磨机器人主要由控制系统、全向底盘、声像系统、吸尘系统、排程系统、六轴机械臂、打磨头等模块组成，机器人最大作业高度可达 3.2m。腻子打磨机器人具有如下功能：

（1）自主导航：机器人基于激光 SLAM 导航技术，实现在狭小设备场景下的自主定位，自主开发路径以自动规划算法，轻松实现机器人施工路径自动生成；

（2）智能恒力：机器人实现了打磨压力精准控制，并可根据基层质量进行参数化调节。打磨后的墙面光滑平整，质量均匀，观感上佳，满足工程验收标准；

（3）多参数融合控制：通过联合控制打磨盘移动速度、打磨压力、打磨电机转速等参数，以适应不同墙面基底和腻子材料的打磨作业，确保打磨质量稳定可靠；

（4）吸尘集尘：机器人配备高功率双吸尘电机，可有效回收 90％以上打磨作业过程中产生的腻子粉，极大地改善了腻子打磨施工环境，避免粉尘对工人的健康造成危害。腻子打磨机器人集尘箱有效容积高达 100L，并具备存灰量自动提醒功能。在集尘箱粉尘集满之后，可实现一键自动排灰，高效便捷。

3. 腻子打磨机器人的应用案例和评估

腻子打磨机器人已在多地的智能制造项目中得到广泛应用，累计完成作业面超 20 万 m^2，大幅提升了项目建设的效率与质量。为腻子打磨走向智能高效提供了全新的选择。根据机器人实验室测试，机器具备以下优点：

（1）高效率：综合工效为 50m^2/h，为传统人工工效的 1.5 倍以上，并能长时间连续作业；

（2）高质量：智能恒力控制，精准激光测距，施工质量一致性好；

（3）安全性：自动化施工，无需登高作业同时降低粉尘对身体的伤害；

（4）环保性：吸尘集尘，减少噪声，节能减排。

6.2.2 喷涂机器人的应用案例

1. 室内喷涂机器人的应用案例

（1）室内喷涂机器人的工作原理和应用

室内喷涂机器人用于商品房、公寓、写字楼等场景下室内乳胶漆施工，能实现对各类结构自动进行底漆及面漆的喷涂。与人工作业相比，该款室内喷涂机器人能长时间连续作业，质量更好、效率更高、成本更低，同时极大减少了喷涂作业产生的油漆粉尘对人体的伤害，将工人从恶劣的工作环境中解脱出来。

（2）室内喷涂机器人的结构和控制技术

室内喷涂机器人由全向底盘、电控系统、泵料系统、升降系统及前端作业机构五个模块组成，如图 6-10 所示。机器人采用 BIM 软件自动规划路径、激光 SLAM 室内导航、BIS 仿真平台等技术，可实现智能化喷涂作业，具有高质量、高效率、一机多能的优势。

图 6-10 室内喷涂机器人

机器人通过机械臂的姿态调整，可以完成不同墙面位置的喷涂作业。依靠高精度的控制系统，机器人可在不同垂平度的墙面上高质量地完成涂料喷涂作业。前端作业机构在作业过程中时刻调整对墙压力，确保喷涂均匀有质感，减少后期墙面污染的返工及修复维护费用。

（3）室内喷涂机器人的应用案例和评估

室内喷涂机器人已先后完成了多地的房建项目，经多方验收质量合格。室内喷涂机器人喷涂效率约为人工喷涂的 4 倍，单方成本降低约 20%，并且解决了传统人工喷涂的漏涂、滚涂不均等的现象。机器人适用于住宅室内墙的喷涂作业，可同时满足装修标准，达到验收需求。根据机器人实验室测试，机器具备以下优点：

1）路径规划：自动路径规划软件，自动生成机器人作业路径，并进行离线仿真，减少机器人停机时间；

2）高质量：精准的喷涂工艺及参数控制，确保漆面均匀、观感良好；

3）高效率：综合喷涂效率约为人工辊涂的 4 倍，可连续 24h 作业；

4）高覆盖：可对室内墙面、顶棚和飘窗等建筑结构进行自动喷涂作业，自动作业覆盖率可达 90%～100%；

5）无人作业：全自动喷涂作业，可使用 APP 远程监控作业进度及状态。

2. 砂浆喷涂机器人的应用案例

（1）砂浆喷涂机器人的工作原理和应用

砂浆喷涂机器人能够实现室内高精度墙体薄抹灰工程的施工，如图 6-11 所示。该机器人结合了激光雷达与 BIM 技术，能够基于此实现智能路径规划、自主导航。机器人可以自动供料并将砂浆均匀地喷涂在墙面上，减少人工作业。此机器人还能够根据不同工作场景切换工作模式，精确地控制喷涂厚度以满足施工要求。

（2）砂浆喷涂机器人的结构和控制技术

砂浆喷涂机器人可基于自主导航、自动供料等功能自动完成

图 6-11　砂浆喷涂机器人

砂浆喷涂上墙作业，显著降低工人劳动强度并提高工作效率与质量。

机器人具有自动喷涂、自主导航、人机相互友好、覆盖范围广等优势。末端执行器具有多种喷涂模式和算法，可适应不同工程场景，喷涂的砂浆厚度均匀。机器人通过激光雷达、BIM 技术实现自主行走，机身配有超声波雷达和防撞条，保障机器人安全运行。

目前砂浆喷涂机器人已在多个楼盘上应用，累计作业面积超 15000m²。砂浆喷涂机器人综合功效约为传统人工的两倍以上，可覆盖 3.15m 层高内的不同高度墙面，设备外观紧凑，可全覆盖卫生间、走廊、飘窗等狭窄空间。

根据机器人实验室测试，机器具备以下优点：

1）高效率：综合施工效率 30m²/h，是传统人工的两倍以上；

2）高覆盖：墙面从底部到顶部全覆盖，综合覆盖率达 90%；

3）高质量：精准定位，厚度精准可控，施工效果一致且优异；

4）易操作：人机交互友好、客户端界面简单易懂，用户只需开机即可一键启动智能化喷涂作业；

5）安全性：防撞保护、自动停障、动态监控、故障报警；

6）适用性强：适用不同高度墙面的喷涂作业，可适应各种薄层抹灰砂浆，可根据使用场景更换合适的作业模式。

3. 外墙喷涂机器人的应用案例

（1）外墙喷涂机器人的工作原理和应用

外墙喷涂机器人主要用于多种彩漆的喷涂施工，结构包括悬挂系统、喷涂系统和控制系统。机器人采用图形化轨迹规划喷涂技术，断点再续技术等，有效提高机器人的易用性，并通过姿态稳定性控制、远程喷涂压力监测等技术，提升喷涂过程的稳定性，保障机器人的施工质量。

（2）外墙喷涂机器人的结构和控制技术

外墙喷涂机器人可分为卷扬式、爬升式两种类型，用于建筑外墙的无砂乳胶漆、多彩漆喷涂施工，如图6-12所示。机器人喷枪由单/双喷枪、两级运动机构、稳定支撑系统组成，具有超速限制、断绳保护、承载监测、应急保护、姿态及风速监测、自动停障等安全功能，能有效保障高空作业的安全性。

图6-12 外墙喷涂机器人

（3）外墙喷涂机器人的应用案例和评估

传统外墙喷涂由工人用绳索或梯子完成，存在安全和效率问题。

外墙喷涂机器人具有多种安全功能，有效保障高空作业的安全性，大大减少安全事故的发生。采用集中供电，并达到IP54防护等级，能够满足室外高空作业的环境要求。

外墙喷涂机器人已在多个地区的智能制造项目中得到广泛应用，累计完成作业面超20万 m^2，大幅提升了项目建设的效率与质量。机器人生产及使用成本低，市场应用前景广阔。根据机器人实验室测试，机器具备以下优点：

1）高质量：精准的喷涂工艺及参数控制，确保漆面均匀、观感良好；

2）高效率：综合喷涂效率为人工的3～5倍；

3）安全性：无需人工高空作业，可避免高空作业的安全隐患；

4）一键定位：机器人全自动爬升对齐喷涂起点后开启一键喷涂模式；

5）应急释放：机器人在空中出现任何故障，都可以使用应急释放功能安全下放落地。

6.2.3　墙纸铺贴机器人的应用案例

1. 墙纸铺贴机器人的工作原理和应用

墙纸铺贴机器人专门应用于室内装修项目中的墙纸铺贴任务。此机器人能够按照预定路径自主移动，自动铺贴墙纸，实现无人作业。该机器人还搭载了多传感器融合系统，以实时调整机身姿态，保持铺贴作业的精度，实现高质量的墙纸铺贴。

2. 墙纸铺贴机器人的结构和控制技术

墙纸铺贴机器人具有自动输送墙纸、铺贴、上胶和裁剪功能，实现智能自动化操作，如图 6-13 所示。机身搭载多种传感器系统，确保作业精度，实现高质量的铺贴工作。机器人由全向底盘、倾斜水平调整机构、电控系统、升降机构、多功能铺贴机构、搭边自动裁切机构、前端伸缩自适应机构等组成，整机具有高效率、高质量和高精度三大优势。

图 6-13　墙纸铺贴机器人

3. 墙纸铺贴机器人的应用案例和评估

机器人充电完成后可持续工作时间超 8h，单台机器人墙纸铺贴效率达 $25.9m^2/h$。产品功能和尺寸设计可适用于各类住宅、办公楼、酒店等场景的墙纸铺贴。机器人已在多个地区的智能制造项目中得到广泛应用，累计完成作业面超 20 万 m^2，大幅提升了项目建设的效率与质量。

根据机器人实验室测试，机器具备以下优点：

（1）高精度：多传感器融合与激光标定技术可有效保障墙纸铺贴的精度；

（2）高质量：恒力铺贴和均匀上胶技术可有效避免墙纸铺贴过程中产生气泡或空鼓；

（3）易操作：自动导航、自动停障、自动铺贴、自动裁边；

（4）高效率：机器人施工最大综合工效约为传统工人施工的 3 倍以上；

（5）安全性：集防撞保护、故障报警、主动被动安全配置于一身，降低施工现场安全隐患。

6.3　拆除和清理的应用案例

6.3.1　建筑拆除再利用机器人的应用案例

1. 建筑拆除机器人的工作原理和应用

在建造过程中，建筑垃圾的产生是不可避免的。然而，通过使用建筑废弃物再利用制砖车，能够实现对建筑垃圾的资源化再利用，从而促进绿色和可持续发展。

流动制砖车能够快速将建筑废弃物从垃圾池转化为混凝土制品，并将其直接应用于项目现场，促进资源的有效利用和减少建筑废弃物对环境的不利影响，如图 6-14 所示。建筑废弃物再利用流动制砖车具备一系列功能，包括固废破碎筛分、计量搅拌、压制砖块和成品砖码垛，能够对建筑废弃物进行深加工。这些车辆自动化程度高，体积相对较小，便于转场，每辆车可以同时为 5～6 个房建工地提供服务。

2. 建筑拆除再利用机器人的结构和控制技术

建筑废弃物制砖车采用车载生产线设计形式，可快速在各个工地间转场，整车集输送、破碎、搅拌、成型、码垛等功能于一体，即产即用，具有占地空间小、转场轻松灵活、自动化程度高等产品特色，更适合工程项目使用。

设备采用多功能微型装载机器人或人工方式进行上料，并通过输送、破碎、筛分等系统完成原材料准备工作。在完成辅料投放后，机器通过自动搅拌系统完成原料混合，并输送至成型区等待制砖。配置好的坯料完成砖坯制作后送到养护区进行养护，并进行抗压强度、抗折强度测试、冻融循环试验、吸水率测试等，确保成品满足项目应用需求。

图 6-14　建筑废弃物制砖车

3. 建筑拆除再利用机器人案例和评估

当下绿色与可持续发展已成为全球共识，围绕国家"双碳"目标制定碳中和之路是工程建设发展战略的重中之重。以凤桐花园项目为例，建筑废弃物制砖车累计缴纳建筑垃圾 450t，生产彩色路面砖超过 20 万块，可实现碳减排 250t/年，产成品在多个项目中投入使用。

根据机器人实验室测试，机器具备以下优点：

（1）流动作业：特种车形式，便于在各工作场地之间流转，实现游牧式的灵活作业；

（2）占地小：产线集成为一辆 12.5m 半挂特种车，作业场地仅需 120m^2，可随地展开作业；

（3）一体化作业：所有主功能均集成到车体上，吃进去的是垃圾，吐出来的是建材；

（4）高自动化：全自动作业，生产效率随物料投入速度自动调整；

（5）种类丰富：几乎涵盖国内所有规格彩砖和实心混凝土建材制品的生产需求。

6.3.2　建筑清理机器人的应用案例

1. 地面清扫机器人

（1）建筑清扫机器人的工作原理和应用

建筑清扫机器人主要用于清扫建筑施工楼面的小石块及灰尘，解决清洁行业人力资源紧张、成本上涨、清洁效率低下问题。该机器人通过激光 SLAM 技术、3D 视觉识别技术，融合料位检测传感器技术实现复杂场景的激光高精地图建立、定位、自主导航和停障等功能。

（2）建筑清扫机器人的结构和控制技术

建筑清扫机器人主要应用于建筑施工地面小石块及灰尘的清理作业，如图 6-15 所示。整机具备自动定位导航功能，可反馈当前清扫状态，实现自动停障、清扫、垃圾收集、倾倒等功能。

机器尺寸为 $1000mm \times 750mm \times 1200mm$，清扫粒径可达 30mm，采用双滤芯、双风道设计，清扫时肉眼观察无明显扬尘，从而避免二次污染。机器采用双差速

图 6-15　建筑清扫机器人

驱动设计，运行动力更充沛。机器可垂直越障 30mm，越沟宽度 50mm，爬坡角度可达 $10°$，且满足 4h 整机工作续航能力。垃圾箱设计容积为 40L，可以通过料位传感器实时检测满料状态，自动完成垃圾储量检测及定点倾倒，使得清扫机器人整机实用性进一步提升。

整机四周还配备了视觉传感器、超声波传感器、防撞条等多项传感器融合技术，确保机器行驶安全可靠。

（3）建筑清扫机器人案例和评估

以清扫面积 $500m^2$ 计算，人工清扫需要 10h，机器需要 2.5h，清扫效率为人工的 4 倍。机器清洁覆盖率可达 90%，且可以扫除人工难以处理的坑洼地面内灰尘。建筑清扫机器人已在多地的智能制造项目中得到广泛应用，累计完成作业面超 20 万 m^2，大幅提升了项目建设的效率与质量。

根据机器人实验室测试，机器具备以下优点：

1）高收益：可长时间连续作业，从而节省清洁人工成本；

2）高效率：整体工效为传统人工的 3 倍，户型作业效率超过 $150m^2/h$，空旷区域清洁效率超过 $1000m^2/h$；

3）高质量：清扫可实现无积尘、无肉眼可见颗粒垃圾，清洁效果比人工清扫明显；

4）易操作：操作简便，可实现自动导航、自动停障、自动清扫、自动垃圾收集；

5）安全性：动态监控、自动故障报警，降低施工现场安全隐患；

6）环保性：持久高效抑尘，纯电动清洁零排放；自带垃圾箱体，实现垃圾清扫及转运，避免施工现场二次污染。

2. 地面灰浆清理机器人

（1）地面灰浆清理机器人的工作原理和应用

地面灰浆清理机器人可用于自动清理地面灰浆，确保地面的整洁。该机器人具备多项功能，包括自动环境地图构建、自主定位导航、灰浆清理及防撞停障功能。通过数据采集和路径规划，机器人能够进行全自动的清理工作，为地砖铺贴作业提供干净整洁的地面，特别适用于墙面抹灰作业之后的地面准备工作。

（2）地面灰浆清理机器人的结构和控制技术

地面灰浆清理机器人机身长 900mm，宽 800mm，高 1400mm，自重 500kg，可覆盖

地面 90％以上的区域，并进行自动化作业，如图 6-16 所示。整机具有地面灰浆清理、墙角浮浆清理、自主导航、全自动作业四大功能：

1）地面灰浆清理：升降电机通过驱动螺杆升降机控制地面执行器升降，实现精准位移；打磨电机驱动打磨刀具高速旋转，实现对地面砂浆的精准敲打，达到打磨、平整地面的效果；

2）墙角浮浆清理：地面灰浆清理结束后，墙角清理模块可沿 X、Z 轴控制墙角打磨刀具移动至地面指定位置，打磨电机驱动墙角打磨刀具进行墙角浮浆的清理；

3）自主导航：机器人通过 3D 雷达技术实时扫描指定位置，按照既定的作业路线，在已有范围内实现自动导航

图 6-16 地面灰浆清理机器人

功能，并通过底盘周边安装的自动避障雷达，实时探测环境情况，实现自动避障功能；

4）全自动作业：机器人结合 BIM 技术进行数据采集，可自动生成机器人作业路径，并根据设置好的路径调节机身姿态，完成地面灰浆、墙角浮浆的自动清理作业。

（3）地面灰浆清理机器人案例和评估

地面灰浆清理机器人在工程应用中的打磨清理效率为 $75m^2/h$，是人工的两倍。其在多地的智能制造项目中得到广泛应用，累计完成作业面超 20 万 m^2，大幅提升了项目建设的效率与质量。根据机器人实验室测试，机器具备以下优点：

1）高效率：综合打磨清理效率 $75m^2/h$，为传统人工的两倍；

2）高质量：地面打磨清理后满足观感、平整度等要求；

3）高覆盖：可对客厅、卧室等区域自动作业，覆盖率达 90％以上；

4）安全环保：有效抑尘，降低职业病风险；

5）智能化：自动路径规划、自动作业、可实现无人化施工。

6.4 维护和修复的应用案例

6.4.1 建筑检测机器人的应用案例

1. 建筑检测机器人的工作原理和应用

建筑检测机器人主要用于对建筑结构及构件的外观进行检测。通过远程控制装置，建筑检测机器人可以在建筑结构或构件表面以一定速度爬行，并具备出色的机动性能。机器人能够拍摄照片或录制视频，并将准确的图像数据实时传输到地面控制终端。通过地面监控设备，技术人员可以对建筑结构及构件进行外观检测，包括那些难以直接到达的地方，如桥梁支柱、建筑外墙等，判断是否存在裂缝、腐蚀等缺陷。

2. 建筑检测机器人的结构和控制技术

WEDR1.0 机器人是一款创新的弹性波检测机器人，采用了涡流吸附技术、无损检测技术以及数据三维可视化技术，能够快速检测并实现环境数据三维可视化。如图 6-17 所示，这是国内首个具备这些功能的智能爬壁式检测机器人，旨在解决高风险、高难度、高

深度的检测任务，能够解决人工检测效率低下的问题。

图 6-17　爬壁式弹性波检测机器人 WEDR1.0

WEDR1.0 将自身机械臂与专门研发的钢筋扫描仪以及爬壁底盘系统相结合，并增加了无线传输模块，从而实现了"一键式"远程检测。该机器人适用于各类高大建筑物的墙壁、楼板、立柱等不同结构，能够测量保护层厚度、钢筋间距等参数。机器人尤其适用于重点区域，如隐蔽或高处的检测任务。它不仅节省了检查成本，降低了作业风险，还能够实现高质量的检测结果。

3. 建筑检测机器人案例和评估

2013 年，日本发明了 BIREM 爬墙机器人。这款机器人可以通过遥控操作，在其四个强力磁铁齿轮的帮助下进行移动。它的设计使得它能够像螃蟹一样弯曲，实现在垂直和水平表面之间的过渡移动。BIREM 还配备了激光测距仪、摄像头等检测工具以辅助检测工作。

目前，大部分检测机器人主要用于桥梁检测，它们的主要任务是进入人们难以观察的区域拍摄照片和取样，进行"裂缝观测"，如图 6-18 所示。但是，这些机器人大多需要遥

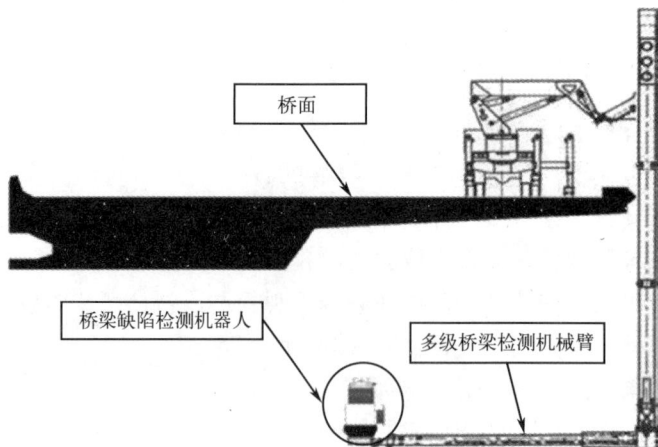

图 6-18　桥梁检测机械臂

控操作，而且自主判断的能力有限。未来，建筑检测机器人将朝着更智能化的方向发展，实现自主无损检测，识别表面及结构内部的超声探伤，并自动修复一些小损伤。在使用智能机器人进行建筑检测时，机器人将与建筑之间进行信息互通，结合建筑运营期的健康监测数据，以详细评估建筑结构的承载能力。

6.4.2　建筑维修机器人的应用案例

1. 建筑维修机器人的工作原理和应用

建筑维修机器人适用于封堵室内孔洞或建筑外观维修。这些机器人可以通过视觉识别系统探测墙面孔洞和裂缝的位置，并使用砂浆封堵修复。与传统的人工修复相比，建筑维修机器人的效率和封堵质量都要更高一些。配合使用打磨机器人，可以高效完成打磨和修补工作，降低施工成本。

2. 建筑维修机器人的结构和控制技术

针对室内孔洞封堵研发了专门的螺杆洞封堵建筑维修机器人，可用于卧室、客厅、餐厅、厨房及公共区域的螺杆洞封堵建筑维修，如图 6-19 所示。机器人长 1208mm，宽 780mm，高 1750mm，自重 430kg，最大作业高度达 2.8m，可在自主导航、实时监控下自动完成螺杆洞封堵维修工作。整机具有自动封堵、自动导航、实时监控和自动清洗四大功能：

（1）自动封堵：机器人通过末端的手眼相机识别孔洞大小，并精准定位孔洞位置，根据相机反馈的孔洞大小自动匹配封孔参数，实现砂浆的全自动封堵作业，单个螺杆洞封堵时间约为 13s，相比人工作业，效率提升 1.5 倍以上，且封堵孔洞一致性较好，有效保证了剪力墙螺杆洞封堵的密实性和封堵质量；

（2）自动导航：机器人通过激光雷达实时扫描和定位位置，实现在已有地图范围内自动导航，并通过底盘周边安装的避障雷达实时探测环境，实现自动避障功能；

（3）实时监控：机器人通过移动网络与远程调度系统连接，实现机器状态及作业数据的远程传输；此外，它还可以通过远程调度系统实现机器的远程启动及停止控制；

（4）自动清洗：机器人设计配备清洗水路系统，作业结束后可以自动开启一键清洗功能，同时结合传感器识别料斗内的残余砂浆含量，优先排空砂浆，在节省水的同时提升清洗效率。

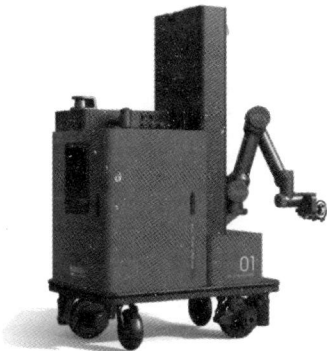

图 6-19　螺杆洞封堵建筑维修机器人

3. 建筑维修机器人案例和评估

传统建筑维修工作施工环境复杂，人工作业使用工具较简陋，建筑修复质量及一致性存在较大的不可控因素，作业效率偏低。高空人工作业需要使用脚手架或站在飘窗处作业，存在较大的安全隐患。

针对室内孔洞封堵研发的专门的四代螺杆洞封堵建筑维修机器人可实现全自动作业模式，解决上述传统施工问题，并适配多种户型。机器人修补具有自动化程度高、施工作业稳定、作业规则普适性高等优势。建筑维修机器人已在多地的智能制造项目中得到广泛应用，累计完成作业面超 20 万 m^2，大幅提升了项目建设的效率与质量。根据机器人实验室测试，机器具备以下优点：

（1）高质量：机器人施工的合格率达到 99％以上；

（2）安全性：减少了工人高空作业的风险；

（3）降低工人劳动强度：自动化程度高，工人劳动强度降低；

（4）降低风险：工艺固化，有效解决隐蔽工程（如孔洞封堵）质量风险；

（5）高收益：配合混凝土顶棚打磨、混凝土内墙面打磨机器人一起施工只需 4 人/（层·d）。

复习思考题

1. 有哪些常见的建筑机器人？它们分别有哪些优缺点？

2. 建筑机器人包括哪些关键组成部分？请选择一类机器人简要描述其结构、控制技术和工作原理？

3. 作业现场要如何实现人机协同作业，确保机器人和工人的协调工作？

4. 现行的建筑机器人有哪些不足之处？未来还需要研发哪方面的建筑机器人？提出可能的解决方案和改进建议。

第7章 建筑机器人的优先发展方向和关键挑战

本章要点及学习目标

1. 了解并掌握建筑机器人具体的智能化发展方向。
2. 了解并掌握建筑机器人的多功能化和通用化的具体内容，理解灵活化发展的含义。
3. 了解如何对建筑机器人进行环境友好型设计，促进建筑机器人的可持续化发展。
4. 明确建筑机器人发展的关键挑战。

7.1 建筑机器人的智能化发展

7.1.1 机器人的感知和认知能力的提升

机器人的感知能力是指其能够通过传感器获取外部环境的信息和数据，并对这些信息进行处理和分析的能力。感知能力使机器人能够感知和理解周围的物体、场景和事件，从而与环境进行交互和行为决策。常见的感知能力包括视觉感知、听觉感知、触觉感知等。

（1）视觉感知：机器人通过摄像头、激光扫描仪等视觉传感器获取图像和深度信息，能够感知物体的形状、位置、大小等，并进行目标检测、物体跟踪、姿态估计等任务。

（2）听觉感知：机器人通过麦克风等听觉传感器获取声音信号，能够感知声音的来源、方向、强度等，并进行语音识别、声音分类、语音合成等任务。

（3）触觉感知：机器人通过触觉传感器获取物体的接触力、压力、形变等信息，能够感知物体的质地、形状等，并进行物体识别、力控制、触觉反馈等任务。

在感知能力方面，机器人借助先进的传感器技术，如视觉传感器、激光传感器、声音传感器和触觉传感器，能够获取丰富的环境信息。这些传感器可以帮助机器人实时感知和理解周围的物体、场景和人类行为。同时，通过数据融合和感知算法的应用，机器人能够将不同传感器获取的数据整合起来，建立环境地图并进行目标检测与跟踪，实现精准的感知能力。

机器人的认知能力是指其能够对感知到的信息进行理解、分析和推理的能力。认知能力使机器人能够根据感知到的信息，进行推理、决策和规划，以实现自主行为和智能交互。常见的认知能力包括场景理解、物体识别、语义理解等。

（1）场景理解：机器人能够通过对感知到的信息进行分析和推理，理解当前的环境场景，包括物体的布局、关系和动态变化等。

（2）物体识别：机器人能够对感知到的物体进行识别和分类，根据物体的特征和属性进行识别与分类。

（3）语义理解：机器人能够理解人类的语言和指令，提取任务、意图和目标的信息，并进行相应的响应和行为。

机器人的感知和认知能力相互关联，感知能力提供了信息基础，而认知能力则对感知到的信息进行分析和理解。这两个能力的结合使得机器人能够更加智能地感知环境、理解任务需求，并作出相应的决策和行动。

在认知能力方面，机器学习和人工智能发挥了重要作用。通过监督学习、无监督学习和强化学习等技术，机器人可以从大量的数据中学习并改善自身的认知能力。计算机视觉和语音识别技术的应用使得机器人能够识别和理解物体、场景和语音指令，实现高级的认知功能。此外，机器人还能够进行语义理解和情感识别，使其能够更好地理解人类的意图和情感，并实现更自然的交互。

这些感知和认知能力的发展在多个领域得到了应用。在工业机器人领域，具备高度感知和认知能力的机器人能够自主进行精准的组装和生产操作，提高工业生产效率。在服务机器人领域，机器人能够感知和理解人类的需求，并提供个性化的服务，如家庭助理和医疗护理机器人。在农业和建筑领域，机器人能够感知环境变化，进行精准的农作物种植和建筑施工。

7.1.2 机器人的视觉、听觉、触觉等传感器技术的进一步发展

机器人的视觉、听觉、触觉等传感器技术的进一步发展为机器人的智能化发展提供了强大的支持和推动力。

视觉传感器具备高分辨率图像感知、三维视觉技术和多模态视觉，能够更准确地感知和理解环境，识别物体、并建立地图进行导航。随着摄像头和图像处理技术的进步，机器人的视觉传感器能够获取更高分辨率、更清晰的图像数据，从而提供更准确的环境感知和物体识别能力。机器人的视觉传感器正在向更高级的三维视觉技术发展，例如基于激光雷达、结构光和立体摄像的三维重建和深度感知，使机器人能够更好地感知和理解三维空间。结合多个视觉传感器，如红外传感器、热像仪和高光谱传感器，机器人能够获取不同波段和模态的图像数据，实现更全面、多样化的环境感知和物体识别能力。

听觉传感器的声音定位和识别、声纹识别与语音理解技术以及环境音频分析能力使机器人能够进行声音交互、语音指令识别和语义理解，实现更智能、自然的人机交互。机器人的听觉传感器能够接收和分析环境中的声音，进行声音的定位和识别。通过声源定位和声音识别算法，机器人能够感知声源的方向、距离和类型，从而实现声音交互与环境感知。结合机器学习和语音识别技术，机器人的听觉传感器能够识别和理解语音指令、语音情感和语义内容，实现更智能、自然的语音交互能力。机器人的听觉传感器还可以对环境中的音频进行分析，如噪声检测、声音特征提取和环境状态识别等，为机器人的行为决策和环境适应性提供更全面的信息。

触觉传感器的多点触觉与力学传感技术、柔性和可变形传感以及温度、湿度和压力感知使机器人能够感知物体的形状、硬度和质地，实现更精细的触觉反馈和物体操作能力。现代机器人的触觉传感器不仅可以检测接触物体的压力，还能够实现多点触觉感知，即同时感知多个接触点的位置、力和形状等信息，提供更精细的触觉反馈和物体理解能力。新

兴的柔性和可变形传感器技术使机器人能够模拟人类手的柔软性和灵活性，实现对物体的形状、表面纹理和刚度等触觉信息的感知，提供更细致、精确的触觉交互和操作能力。此外，机器人的触觉传感器正在发展出对温度、湿度和压力等环境物理量的感知能力，以增强对环境的感知和理解，为更广泛的应用场景提供支持。

这些传感器技术的进一步发展不仅提升了机器人的感知能力，还为其提供了更丰富的环境信息，使其能够更准确、更智能地感知、理解和适应复杂的环境和任务。通过整合和优化这些传感器技术，机器人能够实现更高水平的智能化，以适应各种应用领域的需求，为人类社会带来更大的价值和效益。

7.1.3 机器人的图像识别、语音识别、自然语言处理等人工智能技术的应用

机器人的图像识别、语音识别和自然语言处理等人工智能技术的应用正深刻地改变着我们与机器人的交互方式和体验。

图像识别技术赋予机器人强大的视觉感知能力，使其能够准确地识别和理解物体、场景和人脸特征，从而实现更精准的任务执行和个性化的服务。例如，在家庭机器人领域，机器人可以通过摄像头获取图像，识别家庭成员的面部特征，以实现人脸识别解锁或提供个性化服务。在工业机器人领域，机器人则可以通过图像识别技术准确定位和抓取物体，实现自动化的生产和装配任务。

语音识别技术使机器人能够听懂和识别人类语言指令，实现语音交互和语音控制，使机器人能够更自然、高效地与人类进行沟通和合作。例如，在智能助理机器人领域，用户可以通过语音指令与机器人进行对话，提出问题、发布指令或获取信息。此外，语音识别技术还广泛应用于机器人导航系统，使机器人能够通过语音指令控制其移动和导航。

自然语言处理技术则使机器人能够理解和处理人类语言的含义和语境，从而能够分析问题、回答疑问，甚至进行智能的对话和情感交流。例如，在智能客服机器人领域，机器人可以通过自然语言处理技术分析用户的问题，并给出相应的回答或解决方案。自然语言处理技术还可用于机器人的智能翻译功能，使其能够实时翻译不同语言之间的对话。

随着技术的不断创新和进步，机器人在图像识别、语音识别和自然语言处理等领域的应用将不断拓展，为人类社会带来更多的便利、效率和创新。作为人工智能技术的应用载体，机器人正逐步实现智能化、个性化和人性化，为人们带来更加智慧和美好的生活体验。

7.1.4 机器人的路径规划、任务分配等算法的优化

机器人的路径规划、任务分配等算法的优化对于机器人的智能化发展具有重要意义。优化路径规划算法能够使机器人避免障碍物、规避危险区域，以最优或次优路径完成任务，提高工作效率和资源利用率。而优化任务分配算法则能够合理分配任务和资源，考虑任务紧急程度、机器人能力和位置等因素，最大化系统整体效益和任务完成率。

在机器人领域，常用的路径规划有 A^* 算法、D^* 算法和 RRT 算法等。这些算法结合了启发式搜索、动态规划和随机采样等技术，可以在不同的场景中寻找最优或次优的路

径。此外，通过利用地图数据、传感器信息和实时环境数据，路径规划算法能够实时调整路径，避开障碍物、规避危险区域，并考虑机器人的动态约束和任务优先级。常用的任务分配算法有最大收益优先（Maximal Gain Priority）算法，竞拍算法（Auction Algorithm）以及分布式一致性算法（Distributed Consensus Algorithm）等。这些算法能够根据实时信息和优化目标，将任务分配给最合适的机器人，最大化系统的整体效益和资源利用率。同时，考虑到机器人的动态性和实时性，任务分配算法也需要具备自适应性和容错性，能够适应环境的变化和机器人的故障。路径规划和任务分配算法的效率和性能通常是算法优化的重点。通过采用高效的数据结构、启发式搜索、并行计算和优化策略，可以提高算法的执行速度和资源利用效率。此外，机器学习和深度学习等技术的引入，可以为路径规划和任务分配算法提供更准确的决策和预测能力，进一步优化算法的性能。

目前在路径规划和任务分配方面的研究方向主要包括：

（1）基于机器学习的路径规划和任务分配：利用机器学习算法，通过学习历史数据和环境信息，实现智能化的路径规划和任务分配决策。

（2）自适应路径规划和任务分配：针对动态环境和机器人的状态变化，研究自适应的路径规划和任务分配算法，实现实时调整和适应性决策。

（3）多目标路径规划和任务分配：考虑多个目标和约束条件，通过优化算法或多目标决策方法，实现多机器人系统的路径规划和任务分配优化。

（4）集群路径规划和任务分配：研究多个机器人之间的协作与协调，实现集群路径规划和任务分配，提高整个系统的效率和性能。

通过路径规划和任务分配等算法的优化，机器人的智能化发展将进一步推进。优化的算法不仅提高了机器人的工作效率和性能，还使机器人能够更好地适应多样化的任务需求和工作场景。这为机器人在各个领域的应用提供了更广阔的可能性，包括制造业、医疗卫生、物流配送等。随着技术的不断进步和算法的不断优化，机器人的智能化发展将为人们创造更加便捷、高效、安全的生活和工作环境。

7.1.5 机器人的智能学习和自适应能力的提升

机器人的智能学习和自适应能力的提升是机器人智能化发展的关键驱动因素。通过不断学习和适应，机器人不仅能够执行预先编程的任务，而且能够根据环境的变化和任务需求智能作出决策并采取行动。

机器人的智能学习和自适应能力是指机器人通过学习和适应能够改善其性能和表现，以适应不同的环境和任务要求。智能学习使得机器人能够从大量的数据中提取信息和知识，形成模型和规律，并不断优化和改进自身的表现。通过机器学习算法，机器人能够识别和理解视觉、听觉、语音等感知信息，实现高精度的图像识别、语音识别和自然语言处理。同时，机器人还可以通过迁移学习将之前学习到的知识和经验应用到新的任务中，加速学习过程，提高适应新环境的能力。自适应能力使得机器人能够根据环境的变化和任务需求自动调整其行为和策略。机器人通过传感器实时感知环境的变化，可以动态调整路径规划、任务分配和行动方式，以应对不同情况和要求。自适应控制使得机器人能够适应不同工作场景的变化，提高工作的稳定性和鲁棒性。

具体而言，智能学习和自适应能力包括以下几个方面：

（1）机器学习：机器人可以通过机器学习算法，从大量的数据中学习并提取规律、模式和知识。通过训练和优化模型，机器人能够识别环境中的特征、对象和事件，实现感知和认知能力的提升。机器学习的方法包括监督学习、无监督学习和强化学习等。

（2）迁移学习：机器人可以将之前学习到的知识和经验应用到新的任务和环境中，实现知识的迁移和复用。通过迁移学习，机器人可以更快速地适应新的环境，减少对大量新数据的依赖，提高学习效率和适应性。

（3）自适应控制：机器人可以根据环境变化和任务需求，自动调整其控制策略和行为方式。通过传感器反馈和实时监测，机器人能够实时感知环境的变化，并对其控制参数、行动方式进行调整，以实现更好的适应性和鲁棒性。

（4）进化算法：机器人可以通过进化算法进行优化和自我改进。进化算法模拟生物进化的过程，通过选择、交叉和变异等操作，不断优化机器人的参数和结构，以适应环境的变化和任务的需求。

机器人的智能学习和自适应能力使其能够更好地适应复杂和动态的工作环境，提高工作效率和性能。智能学习和自适应能力使机器人能够从经验中学习、适应和改进，不断优化自身的决策和行为，实现更高水平的智能化和自主性。这种能力对于机器人在各种应用领域的成功和广泛应用具有重要意义，包括工业制造、服务机器人、医疗卫生、农业等。通过不断提升机器人的智能学习和自适应能力，机器人将更加灵活和智能地应对各种任务和环境要求，为人们创造更多的价值和便利。

7.2　建筑机器人的灵活化发展

7.2.1　机器人的多功能化和通用化

1. 机器人的模块化设计和可拓展性

机器人的模块化设计和可拓展性为机器人系统的开发、维护和升级提供了灵活性和效率性。

机器人的模块化设计是指将机器人系统划分为独立的功能模块，每个模块具有特定的功能和接口，可以单独开发、测试和维护。这种设计理念使得机器人系统具有高度的可组合性和可扩展性，可以根据不同的需求和应用场景灵活地组合和扩展功能模块。

模块化设计的优势在于它提供了一种灵活且可重复利用的方式来构建机器人系统。每个模块可以独立设计和开发，通过标准化接口进行连接和通信，从而实现模块间的交互和协作。这样一来，机器人系统可以根据需要选择适当的模块组合，以满足不同任务和应用的要求。例如，可以根据需要选择不同的感知模块（如摄像头、激光雷达）、执行模块（如运动控制器、机械臂）和决策模块（如路径规划、目标识别），从而构建出具有特定功能和性能的机器人系统。

可拓展性是指机器人系统能够方便地扩展和升级其功能和性能。通过模块化设计，机器人系统可以轻松地增加新的功能模块或替换现有的模块，而无需对整个系统进行大规模的改动。这种可拓展性使得机器人系统具有较高的适应性和灵活性，可以随着需求的变化和技术的进步进行功能的增强和升级。

实现机器人的模块化设计和可拓展性需要一系列关键技术的支撑，以下是一些主要的技术要素：

（1）标准化接口和通信协议：为了实现模块之间的互联和协作，需要定义和采用标准化的接口和通信协议，以确保模块之间的兼容与互操作性。

（2）硬件模块设计：硬件模块需要设计成独立的、可插拔的单元，具有适当的接口和连接方式，以便与其他模块进行连接和交互。硬件模块的设计还需要考虑模块的尺寸、功耗、散热等因素。

（3）软件架构和接口设计：机器人系统的软件部分需要设计成模块化的架构，每个模块承担特定的功能，并通过定义良好的接口进行通信和数据交换。模块之间的接口设计需要考虑数据格式、消息传递方式和调用方法等方面的规范。

（4）自动化配置和识别：为了实现模块的自动化配置和识别，需要开发相应的算法和技术。这包括模块的自动检测、初始化和注册，以及系统的自动配置和调度。

（5）软件管理和更新：为了方便模块的添加、删除和升级，需要实现软件管理和更新的机制。这包括模块的软件版本管理、远程更新和故障恢复。

（6）远程监控和管理：为了实现对模块和系统的远程监控和管理，需要开发相应的远程监控和管理系统。这使得用户可以随时了解机器人的状态、性能和故障情况，并进行相应的操作和维护。

以上是实现机器人的模块化设计和可拓展性的一些关键技术。这些技术需要在硬件、软件和通信等方面进行综合应用和优化，以实现机器人系统的灵活性、可扩展性和可维护性。

2. 机器人的多任务协同和互联互通

机器人的多任务协同和互联互通是指多个机器人之间能够协同工作、共享信息并相互通信的能力。这种能力使得机器人能够在复杂的任务环境中实现协作和协调，共同完成任务，并实现更高效的工作效果。

多任务协同是指多个机器人在同一任务环境中协作，每个机器人承担不同的子任务，并通过合作和协调来实现整体目标。通过合理分配任务、优化资源利用和协调行动，多个机器人可以协同完成复杂、大规模的任务，提高工作效率和质量。例如，在仓库物流中，多个机器人可以协同完成货物的拣选、装载和运输等任务，从而提高仓库的物流效率。

互联互通是指多个机器人之间能够进行信息共享和通信交互的能力。机器人可以通过网络或无线通信方式实时交换数据、状态和指令，从而实现信息的共享和协调。通过互联互通，机器人可以共享环境感知信息、任务需求和执行结果，实现相互之间的协调和合作。例如，在无人车领域，多个无人车可以通过互联互通的方式共享交通信息、路况数据和行驶路径，从而实现智能的交通协同和导航决策。

多任务协同和互联互通的实现涉及多个方面的技术和方法，以下是一些主要的技术要素：

（1）通信技术：机器人之间需要建立可靠的通信通道，可以利用无线通信技术如 Wi-Fi、蓝牙、ZigBee 等，或者有线通信技术如以太网、CAN 总线等。这些通信技术可以支持机器人之间的实时数据交换、状态传递和指令传输。

（2）网络架构：多个机器人之间可以通过建立网络架构进行连接，形成一个机器人网络。这可以采用集中式或分布式的网络架构，以便机器人之间可以共享信息和进行协调。

常用的网络架构包括中心服务器架构、点对点架构、分布式架构等。

（3）任务分配和调度算法：为了实现多任务协同，需要开发适应性强的任务分配和调度算法。这些算法可以根据任务的优先级、机器人的能力和当前环境的情况来动态分配任务给不同的机器人，并规划执行顺序和时间表。

（4）数据共享和集成：机器人之间需要共享感知数据、任务需求和执行结果。这需要开发数据共享和集成的技术，以便机器人可以将自己的数据共享给其他机器人，并融合各自的数据进行综合决策。

（5）人工智能技术：人工智能技术如机器学习、深度学习和强化学习等在多任务协同和互联互通中发挥重要作用。这些技术可以帮助机器人进行自主决策、学习和适应环境，从而更好地协同工作和适应任务需求。

（6）安全与隐私保护：多任务协同和互联互通涉及机器人之间的信息共享和通信，因此需要确保通信和数据的安全性和隐私保护。这包括采用加密技术、访问控制和身份验证等方法来保护通信和数据的安全性。

通过综合运用以上技术，可以实现机器人的多任务协同和互联互通。这将提高机器人系统的整体性能和效率，促进机器人在复杂任务环境中的应用和发展。不断的技术创新和研究将进一步推动这些技术的发展，并促使机器人在多任务协同和互联互通方面取得更大的突破，实现资源的优化利用和协同效应。

7.2.2 机器人的灵活性和可编程性

1. 机器人的柔性传动和机械臂设计

机器人的柔性传动和机械臂设计是指在机器人系统中采用柔性材料和灵活结构的传动装置和机械臂设计。这种设计可以使机器人的运动更加灵活、精准和适应性强，提高其工作效率和应用范围。

柔性传动是指使用柔性材料或具有柔性特性的传动装置来实现机器人的运动传递。传统机器人一般采用刚性的齿轮、皮带和链条等传动装置，而柔性传动则采用弹性元件、弯曲杆件或软性材料来传递动力和运动。这种柔性传动可以使机器人在工作时具有更好的柔顺性和适应性，可以适应不规则的工作环境和任务需求。

机械臂设计是指机器人机械臂部分的设计和构造。机械臂是机器人的重要组成部分，负责实现机器人的运动和工作功能。传统的机械臂设计通常采用刚性材料和结构，具有确定的关节和限位，而机械臂的柔性设计则采用柔性材料和可变形结构，使机械臂具有更大的运动范围和灵活性。这种柔性设计可以使机器人的工作空间更广泛，能够处理更复杂的任务，并适应不同形状和尺寸的工件。

柔性传动和机械臂设计的实现需要结合合适的材料选择、传动机构设计和控制算法等技术。目前关于机器人的柔性传动和机械臂设计的研究方向主要包括以下几个方面：

（1）柔性传动系统设计：研究如何设计和制造具有柔性特性的传动装置，包括弹性元件、软性传动带、液压和气动装置等。这些柔性传动系统可以提供更高的柔顺性、适应性和精度，以适应各种复杂的运动需求。

（2）可变形结构设计：研究如何设计和构造具有可变形结构的机械臂，使其能够灵活适应不同的工作环境和任务需求。可变形结构可以通过调整长度、角度和形状来改变机械臂的运动范围和姿态，从而实现更广泛的工作空间和更灵活的操作能力。

（3）柔性传感器技术：研究如何利用柔性传感器来实现对机器人运动和环境的感知。柔性传感器可以嵌入机械臂的关节和末端执行器中，实时监测和反馈机械臂的变形、受力和接触情况，从而实现更精确和安全的操作。

（4）柔性控制算法：研究如何开发适应柔性传动和机械臂的控制算法，以实现对其运动和姿态的精确控制。柔性控制算法可以结合机器学习和优化方法，根据传感器数据和任务需求，实现自适应的控制策略，提高机器人的运动精度和效率。

这些关键技术的发展和应用，将推动机器人在柔性传动和机械臂设计方面的进步，使机器人具备更高的灵活性、精确性和适应性，进一步拓展其在各个领域的应用潜力。

2. 机器人的编程和控制软件的开发

机器人的编程是指为机器人编写代码和指令，以实现其预定的行为和功能。机器人的编程通常包括以下几个方面：

（1）硬件接口：机器人编程的第一步是与机器人的硬件接口进行交互。这涉及与机器人的传感器、执行器、驱动器等硬件设备进行连接，并确保与它们的通信正常。

（2）语言选择：选择适合机器人编程的编程语言。常见的机器人编程语言包括 C++、Python、Java 等。不同的编程语言具有不同的特点和优势。

（3）运动控制：编写代码来控制机器人的运动。这可以包括设置机器人的关节角度、末端执行器的位置和速度等，以实现机器人的精确控制和运动路径规划。

（4）传感器数据处理：编写代码来处理机器人传感器获取的数据。这可以包括对图像、声音、力量等传感器数据进行处理和分析，以实现智能作出决策并采取行动。

（5）算法开发：根据机器人的具体任务和应用，开发相应的算法。例如，路径规划算法、任务调度算法、目标识别算法等，以辅助机器人进行智能自主决策。

（6）调试和测试：编程过程中进行调试和测试，确保机器人的行为和功能正常。这可以通过模拟器、仿真环境或实际机器人进行，以验证编写的代码是否符合预期，并进行必要的调整和修正。

机器人的编程需要程序员具备相关的编程知识和技能，并根据机器人的具体要求进行代码的编写和调试。随着机器人技术的不断发展，出现了一些专门用于机器人编程的开发工具和框架，简化了编程的过程，使机器人的编程更加高效和灵活。以下是一些常见的用于机器人编程的开发工具和框架的示例：

（1）ROS（机器人操作系统）：ROS 是一个开源的机器人软件框架，提供了一系列用于机器人编程的工具和库。它支持模块化开发，允许开发者通过发布-订阅模式进行消息通信和功能集成。ROS 提供了丰富的软件包，包括传感器驱动、导航算法、图像处理等，使机器人开发更加简单和高效。

（2）Gazebo：Gazebo 是一个用于机器人仿真的开源平台，它提供了一个虚拟环境，可以模拟机器人的运动、感知和控制。开发者可以使用 Gazebo 进行机器人的软件开发和测试，而无需实际的物理机器人。Gazebo 支持多种传感器模型和物理引擎，可以快速迭代和验证机器人的算法和行为。

（3）PyRobot：PyRobot 是由 Facebook AI Research 开发的 Python 工具包，用于快速开发机器人应用程序。它提供了一套简单易用的 API，包括机器人控制、感知、运动规划等功能。PyRobot 支持多种机器人平台，使开发者能够轻松构建和部署机器人应用。

（4）MATLAB Robotics System Toolbox：MATLAB Robotics System Toolbox 是 MathWorks 开发的一个工具箱，用于机器人系统建模、仿真和控制。它提供了丰富的函数和工具，用于机器人的路径规划、运动控制、感知数据处理等。开发者可以使用 MAT-LAB Robotics System Toolbox 进行算法开发和机器人应用的验证。

（5）Unity3D：Unity3D 是一个流行的游戏引擎，也可以用于机器人仿真和开发。通过 Unity3D，开发者可以创建逼真的 3D 虚拟环境，并模拟机器人的运动、感知和控制。Unity3D 提供了强大的图形渲染和物理模拟功能，使机器人仿真更加真实和交互性。

（6）MoveIt!：MoveIt! 是一个用于机械臂运动规划的开源框架，常与 ROS 结合使用。它提供了运动规划、碰撞检测、逆运动学求解等功能，支持多种机械臂模型，可以帮助开发者快速实现机械臂的路径规划和控制，适用于工业机器人、服务机器人等领域的机械臂编程开发。

开发者可以根据具体的需求和偏好选择适合自己的工具和框架，并结合自身的技术和领域知识进行机器人编程的开发工作。

机器人的控制软件开发指的是为机器人设计和实现控制算法的过程。控制软件是机器人系统的关键组成部分，它负责接收传感器数据、计算机器人的运动命令，并控制机器人的执行器（如电机、服务器等）以实现所需的动作和行为。

机器人的控制软件开发通常采用分层架构，以实现模块化、可扩展和易于维护的设计。以下是一个常见的机器人控制软件开发架构的示例：

（1）底层硬件驱动层：这是与机器人硬件交互的底层接口层。它包括与传感器和执行器通信的驱动程序和设备接口，以及与底层硬件通信的协议和通信接口。这一层负责与硬件设备进行数据交换和控制操作。

（2）动作控制层：该层负责机器人的运动控制和执行器操作。它接收来自底层硬件驱动层的传感器数据，并根据控制算法生成适当的动作指令，如关节角度、末端执行器的位置和速度。这一层还可以处理运动规划、轨迹跟踪和碰撞检测等任务。

（3）任务调度层：任务调度层负责高级任务的规划和管理。它接收任务需求和优先级，并根据机器人的能力和环境约束进行任务分配和调度。任务调度层可以利用路径规划、路径优化、资源分配等算法，使机器人能够高效地执行多个任务。

（4）传感器数据处理层：这一层负责处理来自机器人传感器的数据。它包括对传感器数据进行滤波、处理、解析和融合，以获取对机器人环境的感知信息。这一层还可以应用计算机视觉、声音识别等技术，从传感器数据中提取有用的信息。

（5）上层决策和规划层：该层负责机器人的高级决策和规划。它接收来自任务调度层和传感器数据处理层的信息，并基于机器人的任务目标、环境信息和规划算法，生成机器人的行为策略和决策。这一层可以包括路径规划、行为规划、决策制定等。

（6）用户界面层：这是机器人与用户交互的界面层。它可以是图形用户界面（GUI）、命令行界面或其他语言界面，用户可以通过该界面与机器人进行交互，发送任务指令、查看状态信息等。

这种分层架构使机器人的控制软件模块化，各个层次之间的功能和责任清晰分离。这使得软件的开发、测试和维护更加容易，同时也为机器人的功能扩展和性能优化提供了灵活性。根据具体的机器人应用需求和开发团队的规模，实际的控制软件架构可能有所不同，但通常会遵循分层和模块化的设计原则。

7.3 建筑机器人的可持续化发展

7.3.1 机器人的环境友好型设计

1. 机器人的能源消耗和废弃物处理的优化

建筑机器人的可持续化发展涉及对机器人的能源消耗和废弃物处理进行优化，以减少对环境的负面影响。

（1）能源消耗优化

选择高效能源系统，例如采用低能耗的电动系统代替传统的内燃机动力，以降低机器人的能源消耗。优化机器人的控制算法，提高运动和操作的能效，避免不必要的能源浪费。对机器人的电气和机械系统进行节能设计，例如采用能量回收技术，将制动能量转化为电能进行储存，再利用。

（2）太阳能应用

在机器人的表面或顶部安装太阳能电池板，通过光能转换为电能，为机器人提供部分能源。利用太阳能电池板为机器人的电池进行供电，降低对传统电力的依赖，增加机器人的自主运行能力。

（3）混合能源动力系统

采用混合能源动力系统，将电池、太阳能电池和其他可再生能源相结合，实现多能源供应，降低机器人的环境影响。

（4）循环经济设计

在机器人的设计中考虑其整个生命周期，包括制造、使用和废弃阶段的环境影响，并进行综合优化。设计机器人的部件和组件为可拆卸结构，方便维护和更换，延长机器人的服役周期。

（5）环保运维

建立定期维护计划，确保机器人处于最佳工作状态，减少能源浪费和废弃物产生。培训操作者使用环保操作方法，合理使用机器人，减少不必要的资源浪费和环境污染。

（6）环保监测系统

在机器人上安装传感器和监测设备，实时监测能源消耗、排放和废弃物处理情况，提供数据支持进行环境友好型改进。

（7）可持续发展政策和标准

遵循当地和国际的可持续发展政策和标准，以确保机器人的设计、制造和使用符合环保要求。

通过以上优化措施，建筑机器人的能源消耗可以得到有效的改善，减少对环境的负面影响，实现可持续发展。同时，建筑机器人的环境友好型设计也有助于提升机器人的市场竞争力，满足用户和社会对绿色环保的需求。当涉及建筑机器人的废弃物处理优化时，重点考虑的是如何最大程度地减少废弃物的产生，并合理处理和回收已产生的废弃物，以降低对环境的影响。以下是建筑机器人废弃物处理的优化方法：

1）可持续材料选择：在建筑机器人的设计和制造阶段，优先选择可持续和环保的材料。使用环保材料有助于降低废弃物的环境影响，并在机器人生命周期内减少对资源的消耗。

2）废弃物分类：对建筑机器人在工作过程中产生的废弃物应进行分类，将可回收和不可回收的废弃物分开收集。这样做有助于有效回收和再利用可回收废弃物，减少对资源的浪费。

3）可拆卸组件：设计建筑机器人的部件和组件为可拆卸结构，方便维护和更换。这样可以延长机器人的使用寿命，减少废弃物的产生。

4）废弃物回收与再利用：建筑机器人产生的废弃物中，能够回收和再利用的部分应该进行回收处理。例如，回收金属部件、废弃电子零件等，以减轻废弃物对环境的负担。

5）废弃物减量化设计：在机器人的设计过程中，采用减少废弃物产生的策略，避免过度包装和不必要的零部件，最大限度地减少废弃物的产生。

6）环保运维：建筑机器人在工作过程中，应进行定期维护和清洁。合理运维有助于降低机器人的故障率，减少因损坏而产生的废弃物。

7）废弃物处理合规：在处理废弃物时，建筑机器人的相关方应遵循当地和国际的废弃物处理法规和标准，确保废弃物的处理过程符合环保要求。

8）循环经济设计：在建筑机器人的设计过程中，考虑其生命周期的环保影响。采用循环经济设计原则，实现资源的循环利用，减少废弃物的产生。

9）废弃物监测系统：安装废弃物监测系统，实时监测建筑机器人产生的废弃物量和种类，提供数据支持进行废弃物处理的优化。

10）废弃物资源化利用：对建筑机器人产生的废弃物进行资源化利用。例如，通过合适的处理技术，将废弃物转化为可再生资源，如能源或再生材料。

通过采取以上优化措施，建筑机器人可以最大限度地减少废弃物的产生和对环境的影响。废弃物处理的优化是建筑机器人实现可持续发展的重要一环，有助于保护环境、节约资源，并符合社会对绿色环保的要求。

2. 机器人的可再生能源的使用和节能设计

当涉及机器人的可再生能源的使用和节能设计时，重点考虑的是如何利用可再生能源减少机器人的能源消耗，并通过节能设计优化机器人的电气和机械系统，以提高能源利用效率。以下是关于机器人的可再生能源的使用和节能设计的详细措施：

（1）太阳能利用

在机器人的表面或顶部安装太阳能电池板，通过光能转换为电能，为机器人提供部分能源。太阳能电池板可以在户外环境下收集太阳能，并将其转化为电能储存到机器人的电池中，供其使用。利用太阳能电池板为机器人的电池进行充电，降低对传统电力的依赖，增加机器人的自主运行能力。特别是对于户外工作的机器人，可以通过太阳能充电延长其工作时间，减少中途返回充电站的次数，提高工作效率。

（2）风能利用

对于机器人在需要长时间运行的场景，可以考虑使用小型风力发电机，将风能转化为电能，为机器人提供动力。

（3）能量回收技术

机器人在运动和制动过程中会产生动能，通过能量回收技术将制动能量转化为电能，存储在电池中供机器人后续使用，从而减少能源浪费。在机器人的发动机或电动机运转时产生的热能，可以通过热能回收技术将部分热能转化为电能，提高能源利用效率。

（4）节能设计

选择高效能源系统，例如采用低能耗的电动系统代替传统的内燃机动力，以降低机器人的能源消耗。特别是在内部使用电池作为动力源时，选用高能量密度、高效率的电池，以提高机器人的续航能力。优化机器人的控制算法，提高运动和操作的能效，避免不必要的能源浪费。采用智能控制算法，可以使机器人的运动更加精准和高效，减少不必要的能耗。在机器人的设计和制造过程中使用节能材料，以降低机器人的质量，减少能源消耗。为机器人设计休眠模式，当机器人处于闲置状态时自动进入休眠模式，降低能源消耗。

（5）低功耗硬件

使用低功耗的硬件组件，例如低功耗的处理器和传感器，减少机器人的能源消耗。

（6）高效能源管理系统

配备高效的能源管理系统，通过智能化的能源控制和分配，确保机器人的能源使用最优化。

（7）环境感知与智能规划

机器人配备环境感知系统，实时监测周围环境和工作条件。通过智能规划算法，使机器人在环境变化较大时能够自主调整工作方式，减少能耗和资源浪费。

（8）环保运维

建立定期维护计划，确保机器人处于最佳工作状态，减少能源浪费和机器人故障率。

通过采取以上措施，机器人可以更加环保地利用可再生能源和优化节能设计，减少能源消耗和废弃物产生，实现对环境的友好型设计和可持续发展。

7.3.2　机器人的安全性和可靠性的提升

1. 机器人的安全保护和风险评估技术的应用

在机器人的安全性和可靠性的提升过程中，机器人的安全保护和风险评估技术是至关重要的。这些技术旨在预防潜在的危险情况，确保机器人在各种工作环境中能够安全可靠地运行。以下是机器人安全保护和风险评估技术的一些具体应用：

（1）安全保护技术

1）碰撞检测与避免：机器人配备碰撞传感器和避障算法，能够实时检测周围环境，避免与障碍物发生碰撞，从而防止可能的伤害和损坏。

2）紧急停止装置：在机器人上设置紧急停止按钮或开关，当发生危险情况时，操作者可以立即触发停止机器人的运动，确保及时应对紧急情况。

3）速度和力限制：通过设置机器人的最大速度和力量限制，确保机器人的动作不会超出安全范围，防止可能的伤害。

4）安全围栏和边界：在机器人工作区域周围设置安全围栏或边界，限制机器人的活动范围，防止机器人进入不安全区域。

5）姿态控制：为机器人设置姿态控制系统，确保机器人在工作过程中保持稳定，减少倾覆和意外事故的发生风险。

（2）风险评估技术

1）风险识别与分析：对机器人的工作环境和任务进行风险识别与分析，评估潜在的危险因素和可能的风险。这包括对机器人本身、周围环境和人员之间的相互作用进行全面分析。

2）安全标准与规范：遵循机器人安全标准与规范，如《机器人和机器人设备——个人护理机器人的安全要求》ISO 13482 和《协作机器人安全标准》ISO/TS 15066，确保机器人设计和使用符合国际安全标准，进一步降低风险。

3）风险管理计划：建立风险管理计划，包括制订预防措施和应急预案，明确机器人的安全操作指南和风险应对措施。

4）人机工程学分析：对机器人的人机交互界面进行人机工程学分析，确保操作界面的友好性，降低误操作和事故发生的可能性。

5）仿真与虚拟测试：使用仿真软件和虚拟测试技术，对机器人的运动和任务进行模拟和测试，评估可能的风险情况，并进行优化改进。

通过采用上述安全保护和风险评估技术，可以大幅降低机器人在工作中可能面临的危险情况，提高机器人的安全性和可靠性。这对于在复杂环境中工作的机器人尤为重要，确保其在各种任务中高效、安全地完成工作，同时保护周围环境和人员的安全。

2. 机器人的故障诊断和自我修复能力的提高

提高机器人的故障诊断和自我修复能力是确保机器人持续高效运行和减少停机时间的关键。这需要结合先进的技术和算法，为机器人设计智能化的故障诊断系统和自我修复机制。

（1）传感器监测与数据分析

配备各类传感器（如温度传感器、压力传感器、加速度计等），实时监测机器人的运行状态和各个部件的工作情况。

将传感器采集的数据通过数据分析和算法处理，识别异常或故障信号，快速定位故障点。

（2）故障诊断算法和人工智能技术

开发高效的故障诊断算法，基于机器学习和人工智能技术，对机器人的传感器数据进行实时分析和预测，判断可能发生的故障类型和位置。

使用数据驱动的故障预测方法，通过历史故障数据训练模型，提高故障诊断的准确性和效率。

（3）自适应控制和自适应补偿

在机器人的控制系统中采用自适应控制算法，使机器人能够自动调整参数和控制策略，以适应不同的工作环境和负载条件。

使用自适应补偿技术，当发现某些部件或传感器发生故障或性能下降时，能够自动调整其他部件的工作参数，以保持整体性能。

（4）健康管理系统

建立机器人的健康管理系统，对机器人的各个部件和子系统进行定期健康评估，检查是否存在潜在故障或疲劳损伤。

根据健康评估结果，提前预警可能的故障，做好预防维护工作，避免意外故障的发生。

（5）可替换组件设计

将机器人的一些关键部件设计为可替换组件，以便在故障发生时能够快速更换，减少维修时间。

提供快速拆卸和安装机制，方便用户进行维护和修复。

（6）系统自诊断和自动修复

在机器人的控制系统中引入自诊断功能，当发现故障时，能够自动切换到备用模块或备用控制策略，确保机器人的稳定运行。

结合自动修复技术，机器人能够根据诊断结果自动执行相应的修复措施，恢复故障部件的功能。

（7）远程监测与支持

配备远程监测系统，使操作者可以远程访问机器人的传感器数据和状态信息，实时监控机器人的运行情况。

通过远程支持和远程控制，迅速响应故障并进行远程诊断和维修，减少停机时间。

综上所述，通过以上技术和措施的应用，可以大幅提高机器人的故障诊断和自我修复能力。这样的系统和机制能够使机器人更加智能，提高自适应能力，并能在故障发生时及时作出应对，保障机器人在各种复杂环境下的安全可靠运行。

7.4　关键挑战及分析

7.4.1　技术不成熟

1. 缺乏自主性与感知能力

建筑机器人需要具备高度的自主性和感知能力，能够在复杂的工作环境中自主决策和适应环境变化。这包括对不同建筑结构和施工场地的识别、建筑材料的处理和搬运，以及对各种障碍物和危险的感知与规避。机器人需要能够自主规划最优路径，以避免障碍物和避免与其他机器人或人员发生碰撞。引入先进的传感器技术，如激光雷达、摄像头、红外传感器等，可以实现对环境的高精度感知，以准确理解周围环境的变化和实时动态。

2. 缺乏多任务协作能力

建筑机器人需要同时执行多个任务，如搬运建筑材料、进行测量和绘图、执行焊接和喷涂等。在复杂建筑环境中，多个机器人之间可能需要协同完成复杂的任务，需要确保机器人之间的高效协调和合作。目前需要开发高效的多机器人协作算法，确保机器人能够实时交流和协同，有效分工，减少冲突和资源浪费。建立可靠的机器人间通信系统，实现实时数据共享和任务协调，确保协作的高效性和准确性。

3. 优化人机交互

建筑机器人与人类工作在同一空间，安全和高效的人机交互成为挑战。人机交互的优化是确保建筑机器人安全和可靠运行的重要因素。

4. 缺乏可靠性和稳定性

建筑机器人在复杂环境中工作，面临着复杂多变的工况和不确定性。确保机器人的可靠性和稳定性是关键挑战。目前需要提高机器人的定位和导航精度，确保机器人能够准确到达指定位置和实现精细操作。除此之外，设计稳定的底盘结构和动力系统，提高机器人在不同地形和工况下的稳定性，从而降低倾覆和意外事故的风险。

5. 自动化施工工艺

建筑机器人需要能够实现自动化施工工艺，包括砌块、焊接、混凝土浇筑等。实现自动化施工涉及多个技术领域的集成和协同。

7.4.2 把握用户需求

在建筑机器人的可持续发展中，把握用户需求是至关重要的。然而，这涉及一些挑战，需要建筑机器人制造商和开发者注意并解决。以下是在建筑机器人可持续发展中把握用户需求面临的挑战：

1. 多样化的需求

建筑行业的需求非常多样化，不同的工程项目可能需要不同类型、功能和规模的建筑机器人。因此，建筑机器人制造商需要在产品设计和开发阶段，考虑到各类用户的不同需求，以满足不同项目的要求。

2. 可定制性

由于建筑行业的工程项目差异较大，用户可能需要定制化的建筑机器人，以适应特定的工程需求。提供灵活的可定制性是一个挑战，需要平衡产品的标准化和定制化之间的关系。

3. 技术水平和培训

在某些地区，建筑机器人的应用可能还相对不熟练，用户对于这些技术的理解和掌握程度不一。因此，培训和技术支持是至关重要的，确保用户能够正确使用和维护建筑机器人。

4. 初始投资成本

建筑机器人的初始投资成本可能相对较高，对于一些中小型建筑公司而言，可能需要更多的资金支出。降低建筑机器人的成本，或提供灵活的租赁和融资方式，有助于吸引更多用户使用这些技术。

5. 安全性和合规性要求

建筑机器人的安全性是用户最关心的问题之一。确保建筑机器人符合相关安全标准和法规，保障机器人在工程项目中的安全使用，对于建筑机器人制造商而言是一个重要挑战。

6. 与传统工艺的衔接

对于一些建筑公司，引入建筑机器人可能需要改变传统的施工工艺和流程，这需要投入更多的时间和精力来适应新的技术，以及消除对新技术的顾虑和抵触情绪。

7. 故障诊断和维修服务

建筑机器人是复杂的高科技设备，故障诊断和维修可能需要专业的技术支持。提供及时的售后服务和故障排除支持，是建筑机器人制造商需要面对的挑战。

8. 可持续性和环保关切

随着环保意识的增强，用户对于建筑机器人的环保性能和可持续性越来越关注。因此，建筑机器人制造商需要在产品设计和制造过程中考虑环境友好型要求，减少对环境的负面影响。

综合应对以上挑战，建筑机器人制造商需要密切关注市场需求和用户反馈，进行产品的持续改进和优化，确保产品符合用户的实际需求，提供优质的技术支持和服务。同时，与政府、行业协会等合作，共同推动建筑机器人在建筑行业中的可持续发展。

7.4.3 施工模式与机器人应用的匹配性问题

施工模式与机器人应用的匹配性是建筑机器人可持续发展中的另一个重要考虑因素。不同的施工模式可能需要不同类型和功能的建筑机器人来完成特定的任务。以下是一些需要考虑的施工模式与机器人应用的匹配性问题：

1. 建筑类型与机器人特性

不同类型的建筑项目可能需要不同种类的机器人。例如，对于高层建筑的施工，可能需要能够垂直移动的爬墙机器人或具有高空作业能力的机器人。而在地下挖掘或隧道施工中，可能需要具备地下工作能力的机器人。因此，建筑机器人的特性和功能需要与不同建筑类型相匹配。

2. 施工环境与机器人适应性

建筑机器人需要适应不同的施工环境，包括室内和室外、平地和崎岖地形等。机器人的底盘结构、轮式或履带底盘、传感器等要能够适应各种复杂环境，以确保机器人在不同场地下顺利运行。

3. 作业任务与机器人功能

不同的施工任务可能需要不同功能的机器人。例如，搬运建筑材料的任务可能需要具备承重能力的机器人，而焊接或喷涂任务需要配备相应的焊接设备或喷涂装置的机器人。因此，机器人的功能需要根据具体的作业任务进行匹配。

4. 作业时间与机器人续航能力

施工项目的作业时间可能较长，机器人需要具备足够的续航能力来持续工作，以避免频繁充电或补给导致的生产中断。因此，机器人的电池容量和续航能力需要与作业时间相匹配。

5. 施工流程与机器人自动化程度

一些施工流程可能较为复杂，涉及多个工序和步骤。对于这类流程，机器人的自动化程度和智能化水平要求较高，能够在整个施工流程中自主完成多项任务。而对于一些简单的重复性任务，普通自动化机器人就可以胜任。

6. 施工质量与机器人精度

建筑机器人在施工过程中需要保证一定的施工质量和精度。例如，在墙体砌筑过程中，机器人需要确保砖块的精确摆放和垂直度。因此，机器人的传感器精度和控制系统的稳定性需要满足高要求。

7. 人机协作与安全保障

在一些情况下，机器人可能需要与人类工人共同施工，涉及人机协作。在这种情况下，需要确保机器人具备安全保障措施，能够感知和规避人员，确保施工过程的安全性。

综上所述，建筑机器人的应用需要与具体的施工模式相匹配，这需要在设计和选择建筑机器人时综合考虑施工任务的特点、作业环境的复杂性、机器人的功能和性能等因素，以确保机器人能够在实际施工场景中高效、安全地工作。这也需要建筑机器人制造商和开发者与建筑行业的用户紧密合作，深入了解用户需求，推动机器人技术与施工模式的有效匹配，推进建筑机器人的可持续化发展。

7.4.4　经济效益的不确定性

经济效益的不确定性也是建筑机器人可持续发展中需要面对的一个重要问题。在引入建筑机器人的过程中，虽然可以带来一系列优势，但也面临着一些经济效益上的不确定性，这需要建筑公司和投资者慎重考虑和权衡。以下是一些与经济效益不确定性相关的因素：

1. 初始投资成本

引入建筑机器人可能需要较高的初始投资成本，包括购买机器人设备、培训人员、更新技术等。这些成本对于一些中小型建筑公司而言可能是一项较大的负担，因此需要评估投资回报周期以及机器人的长期收益。

2. 工程规模和周期

建筑项目的规模和周期直接影响机器人的使用效益。对于大规模和长周期的项目，机器人可能更容易实现成本节约和效率提升。然而，对于一些小规模或短周期的项目，机器人的投入可能难以实现预期的经济效益。

3. 技术进步和更新成本

建筑机器人技术在不断进步，新技术的出现可能使旧设备迅速过时。因此，建筑公司需要考虑技术更新的成本和频率，以确保机器人的使用始终保持在较高效率水平。

4. 生产力提升和节约成本

引入建筑机器人可能带来生产力的提升和施工成本的节约。然而，具体的效益取决于机器人的性能和使用情况，建筑公司需要进行实际的效益评估。

5. 市场需求和竞争

机器人在建筑行业的应用还相对较新，市场需求和竞争格局可能对经济效益产生影响。建筑公司需要考虑市场潜力和竞争优势，以预测机器人在市场上的表现和收益。

6. 法律法规和政策支持

一些国家或地区可能制定相关法律法规和政策，以鼓励或限制建筑机器人的使用。政策的变化可能对经济效益产生影响，建筑公司需要密切关注相关政策和法规的动态。

7. 不确定的市场变化

建筑行业是一个受市场波动影响较大的行业，经济形势的不确定性可能影响建筑机器人的需求和投资。建筑公司需要预测市场变化，以适时调整机器人的使用策略。

综合来看，经济效益的不确定性是建筑机器人可持续发展中需要认真考虑的因素之一。建筑公司和投资者需要进行综合分析和评估，以确定引入建筑机器人的合适时机和方式，并制定相应的长期规划，以确保机器人的使用能够真正带来经济效益和可持续发展。

复习思考题

1. 建筑机器人的智能化发展方向具体包括哪几种？
2. 建筑机器人灵活化发展包括哪些内容？如何理解多功能化和通用化？
3. 怎样进行建筑机器人的环境友好型设计？可以从哪几个方面进行？
4. 现有的建筑机器人发展的关键挑战有哪些？

第 **8** 章 > 建筑机器人的产业化发展和应用

📖 本章要点及学习目标

1. 了解建筑机器人产业的发展契机。
2. 了解掌握建筑机器人的产业化模式。
3. 了解掌握建筑机器人如何与其他机器人协作。
4. 了解掌握建筑机器人如何与人协作。
5. 了解国内建筑机器人公司及特点。

8.1 建筑机器人产业发展契机

当下机器人产业发展有许多契机，以下详细介绍了几个主要的契机：

1. 人工智能与机器学习的发展

随着人工智能与机器学习技术的迅速发展，建筑机器人的智能化水平得到显著提升。人工智能技术使得建筑机器人能够具备自主感知、学习和决策能力，能够更好地适应复杂施工环境和任务，提高工作效率和质量。

2. 感知与导航技术的进步

现代建筑机器人广泛采用各种先进传感器，如激光雷达、摄像头、红外传感器等，实现对周围环境的高精度感知。导航技术也在不断改进，使得建筑机器人能够实现自主路径规划和导航，增强机器人在复杂的工地环境的适应性和灵活性。

3. 自动化技术的成熟

随着自动化技术的不断成熟，建筑机器人在施工过程中能够代替人工完成一些繁重、危险或重复性的任务，如搬运、砌砖、焊接等工作。建筑机器人的参与不仅能提高施工效率，还能够减少人工劳动的风险和体力消耗。

4. 动力技术的改进

建筑机器人的动力技术得到持续改进，电池技术的进步使得机器人的续航能力大幅提升，液压和气动系统的优化增强了机器人的动力输出。同时，混合能源动力系统的应用为机器人提供了更多的能源选择，提高了机器人的使用效率。

5. 建筑业的劳动力短缺

随着城市化进程的加快，建筑业劳动力短缺问题日益凸显。建筑机器人的出现填补了部分劳动力缺口，可以在一定程度上缓解劳动力紧张状况，提高施工效率。

6. 环保与可持续发展需求

全球对环保与可持续发展的需求不断增强，传统建筑行业在能源消耗和碳排放等方面面临严峻压力。建筑机器人的应用可以降低施工过程中的资源浪费和环境污染，符合绿色建筑的发展趋势。

7. 市场潜力与政策支持

建筑机器人市场潜力巨大，其应用领域广泛，涵盖建筑、交通以及地下基础设施的建设等。众多国家和地区纷纷出台政策以支持建筑机器人产业的发展，同时鼓励企业投资研发和应用。

8. 技术成果转化

随着科技研究的不断深入，许多研究机构和企业开发出了一批具有商业应用潜力的建筑机器人，促进了机器人产业的蓬勃发展。

9. 可靠性与安全性提升

建筑机器人在可靠性与安全性方面得到不断提升，使得机器人在施工现场的应用更加值得信赖，为建筑行业注入了更强的信心。

10. 产业链的完善

随着建筑机器人产业的发展，相关产业链逐渐形成，涵盖了机器人制造、软件开发、传感器生产以及系统集成等方面，这为建筑机器人产业的发展提供了良好的支撑和动力。

8.2 建筑机器人产业化模式

8.2.1 从工业化构件生产到建筑数字化建造

建筑机器人从工业化构件生产到建筑数字化建造的过程可以分为以下几个阶段：

（1）工业化构件生产：建筑机器人可以用于制造预制构件，例如墙板、梁柱、楼梯等。它们能根据设计图纸和要求，自动进行浇筑、砌筑、压花、打磨等工序，以提高构件的生产效率和质量。

（2）构件运输和装配：建筑机器人可以用于自动化和智能化运输与装配构件。配备导航和定位系统的机器人可以实现自主运输和准确定位，从而优化构件的运输和装配过程。

（3）建筑施工：建筑机器人可以用于各种施工工艺，如砌筑墙体、铺设地板、安装管道和电线等。它们可以根据预先设置的程序和路径自动执行施工操作，提高施工效率和准确性。

（4）建筑数字化建造：建筑机器人可以和建筑信息模型（BIM）相结合，实现建筑数字化建造。通过与BIM系统的数据交互，机器人可以获取建筑的设计信息和施工计划，自动化地执行相关任务，并将施工过程和结果实时反馈给BIM系统，实现建筑数字化建造的全过程管理。

在整个过程中，建筑机器人需要与其他设备和系统进行交互和协同工作，如自动化搬运设备、传感器网络和控制系统等。通过信息化技术的应用，可以实现建筑机器人的智能化、自主化和协作化，从而提高建筑生产的效率和质量。

8.2.2　建筑机器人云建造

建筑机器人云建造是指将建筑机器人和云计算技术相结合，实现基于云平台的建筑施工和管理。

在建筑机器人云建造中，建筑机器人可以通过云平台进行远程监控和控制。云平台提供实时数据传输和处理能力，使操作人员可以通过互联网远程监测和控制建筑机器人的工作状态及施工进度。同时，云平台还可对建筑机器人的数据进行收集、分析和存储，实现数据集中管理和智能决策。通过云计算技术，建筑机器人可以与其他设备和系统实现数据共享和协同工作。例如，建筑机器人可以通过云平台与建筑信息模型（BIM）进行实时数据交互，获取设计信息和施工计划，自动执行相关任务，并将施工过程和结果实时反馈给BIM系统。同时，通过云计算技术，建筑机器人还可以与其他智能设备和系统进行联动，实现自动化监测和控制，提高施工效率和质量。

总体来说，建筑机器人云建造可以提高建筑施工的效率和质量，实现数据的集中管理和智能化决策，促进建筑产业的数字化和智能化发展。

8.2.3　建筑机器人批量化建造

建筑机器人批量化建造是指使用一组建筑机器人进行大规模的建筑施工，通过协同工作和自动化控制，实现高效、快速和精确的建筑施工工程。

在批量化建造中，建筑机器人可以配备各种类型的工具和设备，如搬运机器人、砌筑机器人、装饰机器人等，用于不同的建筑工序。这些机器人可以通过自动化控制、传感器和视觉系统来完成各种任务，如搬运、砌砖、抹灰等。建筑机器人可按照预先设定的程序和路径进行工作，实现自动化和连续化的施工。这些机器人可以通过互联网和云计算技术进行远程监控和控制，以获取实时工作状态和施工进度，并进行协调和优化。批量化建造可以显著提高建筑施工的效率和质量。相比传统的人工施工，建筑机器人可以连续工作，不受疲劳和时间的限制，机器人的工作速度和精确度也更高，可以在较短时间内完成大量的工作。此外，建筑机器人还可以减少人力成本和人为因素对工程质量的影响，提高工程的可控性和可预测性。

尽管建筑机器人批量化建造在技术上面临一些挑战，如机器人的定位和路径规划、设备的适应性和安全性等，但随着人工智能、自动化控制和机器视觉等技术的不断发展，建筑机器人批量化建造将有望在未来得到更广泛的应用和推广。

8.2.4　建筑机器人现场自动化建造系统

建筑机器人现场自动化建造系统是一种集成建筑机器人和自动化控制技术的系统，旨在实现建筑施工过程的自动化和智能化。

这样的系统通常包括以下组成部分：

（1）建筑机器人：包括各种类型的机器人，如搬运机器人、砌筑机器人、焊接机器人等，用于完成不同的建筑工序。

（2）传感器和视觉系统：用于实时感知并获取建筑现场的信息，如位置、距离、姿态等，以支持机器人的定位、路径规划和动作控制。

（3）自动化控制系统：通过与建筑机器人的通信和控制，实现对机器人的自动化操作和协调工作。该系统通常包括机器人控制算法、路径规划算法、动作规划算法等。

（4）云计算和数据分析：用于远程监控和优化机器人的工作，实时获取工作状态和施工进度，支持智能化的调度和决策。

（5）安全系统：包括安全传感器和紧急停机装置等，用于保障建筑现场的安全性，防止机器人对人员和设备造成伤害。

通过这样的自动化建造系统，建筑机器人能按照预先设定的程序和路径，自主完成建筑施工过程中的各项任务。这不仅提高了施工效率和精确度，还减少了人力成本和人为因素对工程质量的影响。

然而，在实际应用中，建筑机器人现场自动化建造系统仍面临一些挑战，如机器人与现场环境的适应性、机器人与人员的协同工作、系统的可靠性和安全性等。要解决这些挑战，我们需要通过不断的技术研发和实践探索，推动自动化建造技术的发展和应用。

8.3　建筑机器人与其他机器人的协作

8.3.1　建筑机器人和无人机的协作

建筑机器人和无人机的协作可以实现更高效、更精确的建筑施工和监测任务。以下是可能的协作方式：

（1）定位和测量：无人机可以使用激光扫描仪或摄像头对建筑物进行快速、精确的三维测量。测量结果可以传输给建筑机器人，用于其定位和规划施工任务。

（2）材料运输：无人机可以快速将建筑材料运送到需要的位置。建筑机器人可以在指定位置接收材料，并进行后续的安装或处理工作。

（3）搬运和安装：建筑机器人可以负责搬运和安装重物，如钢筋、混凝土块等。无人机可以在建筑机器人无法抵达的高处进行悬挂或安装工作。

（4）监测与巡视：无人机可以使用各种类型的传感器和摄像头监测建筑现场的安全情况和施工进度等。数据可以传输给建筑机器人或后台处理系统，以便及时作出调整和决策。

（5）协同施工：建筑机器人和无人机可以通过云端或本地网络实现协同施工。它们可以共享实时数据和任务指令，合理分配工作、避免碰撞，协调地完成施工任务。

这样的协作可以提高施工效率、减少人力成本和安全风险。然而，建筑机器人和无人机的协作也面临一些挑战，如通信和协调问题、机器人和无人机的集成难题等。要解决这些问题，我们需要通过不断的技术创新和实践探索，推动建筑行业向智能化和自动化方向发展。

8.3.2　建筑机器人和自动导引车（AGV）的协作

建筑机器人和自动导引车（AGV）的协作可以实现建筑现场的物流和材料搬运过程的自动化和高效化。以下是一些可能的协作方式：

（1）货物搬运：建筑机器人负责将需要的建筑材料从仓库或指定区域搬运到目标位置。AGV可以作为搬运物料的平台，由建筑机器人将物料放置在AGV上，通过AGV运输到目的地。

（2）任务调度：建筑机器人和AGV可以通过物联网或中央监控系统进行任务调度和协调。中央控制系统可以根据建筑施工计划和实时需求，将任务分配给不同的机器人和AGV，并确保协调运作。

（3）环境感知：AGV可以搭载传感器，例如激光雷达、摄像头等，用于感知周围环境和障碍物。建筑机器人可以通过与AGV的通信，获取环境感知数据，以避免碰撞和安全问题。

（4）导航与定位：AGV具备自主导航和定位能力，可以根据预设的地图和路径规划系统，自动导航到目标位置。建筑机器人可以通过与AGV的协作，共享位置信息和导航指令，以实现更高效的协作。

（5）数据传输与共享：建筑机器人和AGV可以通过无线通信协作，实现传输任务指令和实时数据的共享。例如，建筑机器人可以将任务状态和需要的材料信息传输给AGV，以便AGV了解当前的任务进度和需求。

建筑机器人与AGV的协作可以提高施工现场物流的效率、减少人力工作量，并降低人为差错的风险。为确保机器人和AGV之间的安全性、可靠性和准确性，需要建立可靠的通信和协调机制。此外，还需考虑机器人和AGV的集成和部署方案，以适应不同的建筑施工环境和需求。

8.4　建筑机器人和人类的协作

在人机协作模式下，人与机器携手合作。由人员控制并监控生产，而机器人则负责劳累的体力工作。两者发挥各自的专长：这是工业4.0的一个重要原则。人机协作为未来工厂中的工业生产和制造带来了根本性的变革。

近年来，随着当前市场需求日益加大和资本政策的大力扶持，工业机器人已步入高速发展阶段，各种机器人可以胜任越来越多的工作岗位，"机器换人"已在包括制造业、服务业等多行业展开。为此，不少关于"机器人与人竞争工作""机器人取代人类"等不和谐的新闻也时不时地出现。然而，实际上人类与机器人可以是一种互助共存的关系。机器人可以辅助人类去做一些繁复、繁重的工作，而人类可以根据现实需求调整机器人的生产。

协作工业机器人是发展的新形态，业内目前已经达成共识：人机协作是机器人进化的必然选择。其特点是安全、易用、成本低，普通工人可以像使用电器一样操作它。在人机协作模式中，机器人就是工人的助手，辅助工人去做劳累艰苦的工作（比如：搬运、上下料等大量重复性工作），而人机协同一个很大的特点就是不隔开、无护栏。

以KUKA LBR iiwa人机协作机器人为例，该机器人使用智能控制技术、高性能传感器和先进的软件技术，它可以协作生产，使以往困难的、一直由手动完成的工作转换成自动化生产。此款机器人可在KUKA flexFELLOW等移动式平台的帮助下变得不受位置和任务的限制。此外它还具有自发自动化的特点，因此该机器人灵活性强，它可以作为生产负荷高峰和资源瓶颈时提供最佳支持的有力助手。

8.4.1　人机交互设计的原则和技巧

人机交互设计的原则和技巧有很多，以下是一些常用的原则和技巧：

（1）用户为中心：设计应该以用户的需求和体验为中心，理解用户的行为、目标和期望，确保设计符合用户的心理模型和认知能力。

（2）易学易用：设计应该简单易懂，用户能够快速上手并使用系统。避免复杂的操作流程和难以理解的术语，使用一致的界面和操作逻辑。

（3）可见性：将系统的状态和操作结果以可视化的方式呈现给用户，让用户获得即时的反馈和理解。

（4）可控性：给用户提供控制和调整的机会，让用户能够根据自己的需要和偏好进行个性化设置和操作。

（5）适应性：考虑不同用户群体和使用环境的差异，确保设计在不同设备和平台上的兼容性和适应性。

（6）一致性：保持界面和交互的一致性，让用户在不同页面和模块之间能够快速切换和适应，降低学习成本和认知负担。

（7）可查找性：提供良好的导航和搜索功能，让用户能够快速找到所需的信息和功能。

（8）弹性和容错性：考虑用户的错误和失误，提供适当的提示、帮助和纠错机制，减少用户的操作误判和失误。

（9）规范性：遵循常见的界面设计规范和惯例，使用户在不同的应用和系统中能够找到熟悉的操作和布局模式。

（10）反馈和改进：通过用户反馈、数据分析和用户测试等方法，了解用户的需求和问题，不断改进和优化设计。

以上原则和技巧可以帮助设计师在人机交互设计中考虑用户的需求和心理，提供良好的用户体验和易用性。但需注意，不同的设计场景和用户群体可能有不同的需求和偏好，所以在设计过程中需要灵活应用，并根据具体情况作出适当的调整和权衡。

8.4.2　人机协同工作流程的设计和实现

设计和实现人机协同工作流程可以通过以下步骤进行：

（1）理解业务需求：首先，需要深入了解业务需求，明确人机协同的目标和具体需求。与相关团队和用户进行沟通，了解他们的工作流程、痛点和期望，以及他们与机器之间的交互方式和需求。

（2）分析人机交互模式：根据需求分析和用户调研结果，分析人机交互的模式和流程。确定哪些任务和节点适合由人工完成，哪些适合由机器自动化完成，以及二者之间的交互方式和数据传递方式。

（3）设计用户界面：基于用户需求，设计用户界面，包括操作界面、控制面板、信息展示等。设计要简洁明晰，考虑用户的操作习惯和认知特点，确保用户能够方便快捷地使用。

（4）开发机器算法和功能：根据业务需求，开发机器算法和功能，实现对于任务的自动化处理和决策。这包括数据抓取、数据处理、模型训练等。同时，也需要为人工操作提供辅助功能和工具，提高工作效率和准确度。

（5）设计协同机制：设计和实现人机协同的具体机制，包括人工和机器之间的任务分配、数据传输、错误处理等。确保机器可以协助人工完成任务，同时也能够感知和适应人工的反馈和指导。

（6）测试和优化：在设计实现后，进行系统测试和用户测试，收集用户意见和反馈，不断优化和改进协同工作流程。根据用户的使用情况和反馈，调整算法、界面和工作流程，提高用户满意度和工作效率。

（7）部署和使用：完成设计和测试后，部署协同工作流程到现有系统中，并提供培训和支持，确保用户能够顺利使用和适应新的协同工作方式。

在设计和实现人机协同工作流程时，需要注意信息安全、隐私保护和合规性等方面的问题。随着业务的发展和用户需求的变化，需要监测并及时调整和优化协同工作流程，以适应不断变化的环境。

8.5　建筑机器人行业发展趋势

8.5.1　智能化和自主技术的发展

智能建筑机器人将采用更先进的智能化技术，人工智能将成为智能建筑机器人的核心技术，使其能够通过学习去适应不同的建筑环境。通过人工智能技术，机器人可以根据建筑设计图纸和施工要求自动识别和解决问题，并进行实时的决策和调整。此外，智能建筑机器人还将能够与其他智能设备和系统进行无缝协作，实现建筑施工的整体智能化。

8.5.2　机器人和人的协同合作

在人机协作模式下，人与机器共同合作。人员负责控制和监控生产过程，而机器人则负责执行劳累的体力工作。这种模式体现了工业4.0的重要原则，即充分发挥人和机器各自的专长。人机协作为未来工厂的工业生产和制造带来了根本性的变革。它不仅在工作灵活性方面带来了显著提升，减少了人员受伤的风险，而且机器人可以高效、高质量地完成可重复的流程，从而提高了生产效率。这种协作模式使人和机器能够相互补充，发挥各自的优势，实现更高水平的生产和制造。建筑机器人不仅在预制工厂内实现人机合作，完成复杂的建筑构件的生产和安装，也可以被运用到建筑工地，通过末端建造工具的更换，实现多功能多场景的施工建造。要将建筑机器人交给非专业的人操作，需要非常友好的人机交互机制，所以也应思考如何通过手机或者3C产品，和建筑机器人实现人机协作。通过软件直接把模拟仿真的算法上传给机器人，实现了工人和机器人的远程协作。工人在地面通过操作平板控制高空的机器人进行作业，避免了危险情况的发生。

为了让建筑机器人更好地在建筑领域应用，必须要让机器人和人之间相互结合。但如何确定人机交互比较理想的交汇点，也是目前人们主要考虑的问题。而且要想让施工的效率更高，就需要把工人与机器人各自的优势结合到一起，并分析各自的劣势，才能让建筑工人更好地与机器人合作。在这种前提下，工人应该把重点放在一些必须要人工操作的工作上，而对于看速度、力量等需求的工作，可以让建筑机器人来进行。机器人的优点是可以在短时间内完成大量任务，而人工操作的优势则在于能够解决一些细微处理的工作，这两种优势可以相互结合起来，如图 8-1 所示。

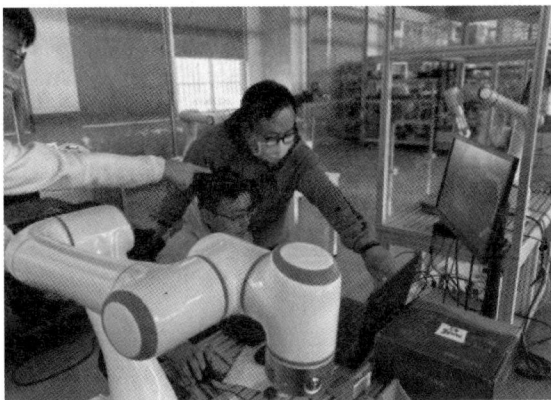

图 8-1　机器人和人的协同合作

8.5.3　多功能性和可扩展性设计

建筑机器人正朝着多功能化和可扩展化的方向发展。目前大部分建筑机器人仅在单一建筑施工应用场景进行作业，在庞大的建筑施工系统中可应用范围小，因此为了更好发挥建筑机器人的优势和推动技术应用落地，建筑机器人向多功能化、可扩展化方向发展将成为行业趋势，建筑机器人将通过丰富末端执行器和融合多种技术方案来提升多元化水平。除了加速研发制造机器人的核心零部件和机器人本体之外，未来建筑机器人相关企业将加速开发适用于建筑业的应用软件，满足下游建筑商的多样化需求，加速推动建筑机器人的应用落地。同时，推进信息技术与机器人深度融合。许多机器人系统集成商或解决方案提供商主要以机器人的角度开发操作系统和界面，但操作界面复杂，易用性较低。部分建筑行业从业者缺乏机器人知识背景，导致学习操作建筑机器人的成本高，不利于下游应用领域的推广普及。因此，未来建筑机器人解决方案商将结合客户需求和建筑工艺流程，通过软件研发降低机器人的操作门槛，让建筑设计师或建筑技术人员能以更方便易懂的方式操作机器人。

目前，建筑机器人行业发展时间短，相关解决方案提供商较少，适用于建筑业的机器人操作软件有限。对现有的建筑施工设备进行机器人化改造是发展建筑机器人技术并使其快速投入应用的一种有效途径。例如，对建筑用的工程施工车辆，如挖掘机、推土机、压路机、渣土车等，可以利用遥控操作、自主导航与避障、路径规划与运动控制、智能环境感知、无人驾驶等技术进行改造。通过这些技术的应用，可以实现相关施工车辆操作的遥控化、半自主化，甚至完全自主化。这样的改造不仅能够减轻操作人员的工作负担，还能够优化工作环境，提升作业安全性和效率。此外，机器人化改造还有助于推进施工作业的标准化和精细化，提高整个建筑施工过程的质量和效益。这一机器人化改造的趋势有助于建筑行业更好地应对人力短缺，提高生产效率，并在未来推动建筑施工向更智能、自动化的方向发展。参照这一模式，亦可考虑对塔式起重机等提举系统进行遥控操作改造，通过远程遥控操作彻底解除施工人员的安全威胁。

为了充分发挥建筑机器人的优势，传统的建筑形式与施工模态必然要作出相应的改变。目前来看较为可行的选择是采用模块化结构，利用机器人进行模块的预制、组装，这将大幅减小机器人的作业难度，同时可有效提高新建筑的营建速度。另外，新型建材的研发也要同步推进，例如，3D打印建筑机器人对于混凝土的流动性、凝固速度等有很高的要求；实施飞行营建则要求各模块间具有主动结合的能力。这些新型建筑材料和技术的研发与应用，将进一步推动建筑机器人在建筑行业的广泛使用，提高施工效率和质量。同时，这也将对建筑行业的发展产生深远影响，推动行业转型升级。

复习思考题

1. 建筑机器人产业发展的契机有哪些？
2. 建筑机器人的产业化模式是如何发展的？
3. 建筑机器人与无人机、AGV合作主要是为了完成哪些目标？
4. 建筑机器人与人类的互助共存体现在哪些方面？
5. 国内建筑机器人公司有哪些？分别有何优势？

第9章 建筑机器人的特点和影响

本章要点及学习目标

1. 了解应用建筑机器人在降本增效等方面的优势。
2. 了解目前建筑机器人在建筑业内推广遇到的不足。
3. 了解不同国家在建筑机器人领域的发展状况、市场需求及未来发展应用趋势。

9.1 建筑机器人的优势

9.1.1 提高效率和质量

围绕建筑领域的核心要素，包括保障施工安全、提升施工质量、提高施工效率等，建筑机器人的引入进一步提高了建筑施工的综合效益。目前，机器人行业已经推出多款建筑机器人产品，并开始商业化应用，实现了在建筑领域的技术突破，尤其在房屋建造方面。

在提高施工质量和效率方面，建筑机器人产品相比人工具有显著的优势。例如，博智林的测量机器人在工程应用测试中显示，其工效相比人工提高了 2 倍以上，测量精度在 ±1mm 内，作业效率与测量准确率均优于人工。此外，建筑清扫机器人产品能够长时间持续作业，直接减少了清洁的人工成本，清扫过程中无积尘，清洁效果比人工清扫更为明显，整体工效是传统人工的 3 倍。

这些机器人产品在建筑施工中的应用，不仅提高了效率，还增强了施工质量和安全性。建筑机器人的商业化应用为建筑行业带来了新的技术突破和发展机遇。

9.1.2 减少人力物力消耗

由于建筑机器人在施工中的准确性，使它具备了一个重要的优势就是大大减少施工错误，从而能够避免很多会在施工中出现的人为错误。出现更少的错误就不需要进行太多的维修活动，能够保证施工的进度，而这对于项目的施工预算是影响很大的。

建筑机器人对于施工成本的降低有着很重要的作用。机器人保证了施工的准确性，能够让项目的延期风险降低，甚至能够缩短施工所需要的时间，这样就能够节省施工费用了。由于其可以实现精准和高效的操作，又能够减少建筑垃圾和能耗，从而不但可以减少人力物力消耗，还可以降低建筑成本和对环境的影响。

9.1.3 提高工作安全性

在保障施工安全性方面，机器人可自主作业完成体力繁重或者有危险性的施工工序，从而增加工人作业的安全性。外墙喷涂机器人通过自主路径规划，可以实现建筑外墙涂装的全自动、全方位喷涂。相较于传统人工施工，从根本上杜绝了工人因高空作业带来的安全风险，有着更稳定的施工质量和更高的施工效率，而且喷涂质量完全符合国家建筑装饰装修工程质量验收标准。

在建筑施工中使用机器人进行施工作业，对于工人来说也有很多好处。首先，有了建筑机器人，工人就能让它们去完成许多项目工作，使得自己能够有足够的休息时间，保持更好的精神状态。其次，一些体力劳动也可以交由机器人来进行，工人只需要在一旁监督，不需要消耗太多的体力。最后，工程施工往往有一些比较危险的工作，而有了机器人之后，就可以把这些比较危险的工作交给机器人来做，能够保障工人在施工中的安全。

9.2　建筑机器人的不足

9.2.1　技术成熟度和可靠性不高

自 1945 年以来，制造业、零售业和农业的生产率都有大幅度增长，但建筑业的生产率却增长不大。对于建筑公司来说，机器人可能是一个有吸引力的生产率提升解决方案。

建筑机器人的研发很早就开始了，始于 20 世纪 70 年代。1982 年日本清水公司的一台名为 SSR-1 的耐火材料喷涂机器人被成功用于施工现场，被认为是世界上首台用于建筑施工的建筑机器人。但由于建筑施工场景和程序的复杂性，全球建筑机器人市场仍处在培育期。

当前建筑机器人领域的技术演进正经历从实验室到商业化的关键跨越，其技术成熟度与系统可靠性呈现显著的不均衡发展特征。如日本清水建设的毫米级精度焊接系统、美国 SAM100 的半自动化砌砖装置及新加坡 QuicaBot 的质量检测平台，但整体技术成熟度仍受限于复杂工地环境的动态适应性，挪威 nLink 钻孔机器人在非标准曲面作业时仍需人工辅助定位，澳大利亚 HadrianX 的量产计划因环境感知算法迭代延迟而推迟，这些瓶颈反映出当前机器人在鲁棒性设计、多模态感知融合及自主决策层面仍需突破。

近年来，我国建筑机器人领域专利技术呈现快速增长态势，目前正处于研发成果向产业化转化的关键阶段。智能化领域下游应用渗透率处于由低转高的重要时期，技术创新正持续突破多样化动态作业场景的技术瓶颈，推动产品研发向高精度、自适应方向发展。我国机器人产业应用主要布局在汽车、电子、化工等工业领域，而建筑机器人作为新兴领域，其产业化进程正通过提升系统集成能力和智能控制水平而加速推进。

9.2.2　高成本和投资回报周期长

从最近 5～10 年的投资回报角度来看，关键零部件的制造，例如电器、工业控制以及测量和控制设备的生产，模块零部件制造，如工厂自动化零部件和相关服务，显示出较高的回报率。相反，加工组装，尤其是机器人本体的制造，却表现出相对较低的回报率。总体而言，高昂的建筑机器人采购成本是导致该领域应用推广率不高的主要原因。如一台美国 SAM 砌砖机器人价格高达 40 万美元、挪威 nLink 钻孔移动机器人一天租金高达 2000 美元、一台澳大利亚 HadrianX 砌砖建筑机器人价格高达 200 万美元，高昂的价格让许多中国建筑企业望而却步。

从施工方的角度来看，与机器人施工相比，传统施工设备开箱，其计价简单，租赁的商业模式比较成熟，而机器人施工目前难以开机即用、独立完成作业，也很难按照设备租赁或销售的模式推广。除此之外，目前，建筑机器人除 3D 实测实量工具等少数产品能通过简单培训就让普通工人使用，绝大部分产品都需要专业技术团队现场布置作业，建筑公司需要支付大量金钱和时间培训员工也是推广的一大障碍。

9.3 建筑机器人的应用前景和社会影响

9.3.1 建筑机器人的市场需求和机遇

1. 建筑机器人应用领域多样

在早期，包括欧美在内的发达国家一直在进行建筑机器人的研究，然而可惜的是这些技术一直未能得到广泛应用。直到近年，一些机器人系统才逐渐走出实验室，开始应用到实际场景中。

目前，建筑机器人的种类在不断增加，应用领域包括混凝土预制生产、钢筋骨架成型、模板组合与拆卸、大型容器组装、焊接喷漆、管道检查及清理、外墙饰面检查、地面压光与清扫等各种场景。

2. 龙头企业多在 2010 年后成立

目前，行业内龙头企业多在 2010 年后成立，如博智林成立于 2018 年。20 世纪 10 年代后，建筑机器人行业技术逐步成熟，行业走入发展期，智能化和自动化成为主流发展趋势，建筑机器人企业顺势发展。

随着 2010 年后建筑机器人行业技术及应用市场的逐渐成熟，整个建筑机器人行业进入了发展期，智能化、自动化成为行业目前的主流发展趋势，为建筑机器人企业提供了良好的发展机遇。

3. 全球市场规模接近 1 亿美元

根据世界银行的数据，目前全球约有 55% 的人口居住在城市，而未来几十年，各国城市化率将持续保持增长。预计到 2050 年，全球城市人口将翻倍，每 10 人中就约有 7 人将居住在城市。这一城市化趋势推动着建筑机器人市场的发展，因为城市化的迅速增长带来了对经济适用房、交通系统以及其他基本生活必需品的需求量增长。

根据 Martin Placek 的统计数据，全球建筑机器人市场 2021 年的规模为 8530 万美元，预计到 2028 年将增长至 6.818 亿美元。在单位出货量方面，主要的市场是建筑工地上使用的机器人助手，其次是基础设施、结构机器人等。

建筑机器人市场正处于快速增长的趋势中。随着全球城市化趋势的不断加速，对于更高效、智能化建筑解决方案的需求也与日俱增。建筑机器人在满足这一需求中扮演着关键角色，为建筑行业带来了新的可能性和机遇。当前，建筑机器人市场呈现多元化和创新化的趋势，不仅为建筑行业带来了技术上的突破，也为企业提供了更灵活、高效的解决方案。这一快速发展的领域预示着未来建筑机器人将在全球范围内继续发挥重要作用，推动建筑行业向着更加智能、绿色和可持续的方向迈进。

4. 有能力开发建筑机器人的国家已超过 10 个

全球范围内建筑机器人技术的发展取得显著进展，但由于建筑产品的非标准化、场景动态性强、技术复杂性等因素，从事建筑机器人研发和生产的企业相对较少，规模化产品也较为稀缺，整体行业集中度相对较低，市场格局尚未确立。

尽管建筑机器人的研发仍面临着一系列挑战，但全球各个国家都在大力开展研发工作，至少有 10 个国家具有相关的研发能力。西方国家如美国、澳大利亚、法国、瑞典等，以及亚洲的代表国家如中国、日本和新加坡都在此领域崭露头角。其中，美国的优势尤为突出，美国拥有众多建筑机器人初创企业，产品多样化，商业化进程相对较快，使其在全球建筑机器人行业中占据领先地位。

9.3.2　建筑机器人的技术和应用趋势

1. 加速传统建筑设备的机器人化改造

在加速推动建筑行业现代化的浪潮中，对传统建筑施工设备进行机器人化改造已经成为一种创新的途径。具体而言，可以通过运用遥控及无人驾驶等自动化技术来实现机器人化改造。这一改造过程旨在使相关车辆操作变得更为灵活，可以实现遥控化、半自主化，甚至完全自主化。这样的技术创新不仅减轻了操作人员的工作负担，提升了施工作业的安全性，而且对工作环境的优化以及作业效率的提高都产生了积极的影响。这种全面的机器人化改造为建筑行业带来了更加先进、高效、安全的工程施工方式，推动着行业向着数字化和智能化的未来迈进。

2. 促进现有机器人技术在建筑业中的应用

当下，通用机器人技术的研发与应用为建筑业注入了新的生机，展现出广阔的应用前景。特别是在环境感知与建模领域，利用无人飞行器（UAV）等移动平台搭载激光雷达（LiDAR）、结构光摄像头等感知设备，结合全球定位系统（GPS）、即时定位与地图构建（SLAM）等技术，能够自动绘出高精度的环境 3D 模型。这样的应用不仅在建筑施工过程中提供了更精准的空间信息，还为大规模施工作业中的多设备任务协调与优化提供了技术支持。以利用 UAV 配合 SLAM 技术实现土方开挖进度实时监测为例，这不仅提高了工作效率，还为施工现场的实时管理提供了可靠的手段，为建筑工程的顺利进行奠定了基础。

此外，基于机械手和移动机器人底盘搭建的通用移动操作平台则为建筑行业带来了更为灵活和多功能的解决方案。这些平台有望替代传统的人工操作，实现建筑施工过程的自动化和智能化。这些创新性的改进为建筑业注入了新的活力，将科技与实际工程相结合，推动着行业朝着更为智能、高效的方向迅猛发展。

3. 大力推动建筑业专用机器人系统及零部件研发

建筑业的复杂及独特性使得通用技术难以应对其多样化的需求。为更好地解决建筑行业的特殊问题，大力推动专用建筑机器人系统及零部件的研发已成为迫切的需求。

其中，采用了"轮廓工艺"技术的 3D 打印建筑机器人，经过有针对性的设计，成功实现了直接打印包括水电管线在内的完整房屋的能力。同类产品如喷浆机器人、ERO 混凝土回收机器人等，都是专门为建筑业的特殊需求而进行定制研发的代表性成果。

中国在建筑业专用机器人系统及零部件研发方面取得了显著进展，呈现出核心零部件国产化的趋势。东吴证券的研究报告指出，由于传统机器人核心零部件占据整机成本的70%以上，机器人核心零部件的重要性在研发新型工业机器人中愈发凸显。这些高性能零部件不仅是实现机器人感知与运动的基础，也在整机成本中占有较高比例。

4. 协同推进适用于机器化施工的新型建筑结构及建材研究

为发挥建筑机器人优势，需对传统建筑形式进行调整。一个可行方案是采用模块化结构，使用机器人预制、组装，以提高建筑速度。新型建筑结构和材料是两大关键，例如，3D打印建筑机器人对混凝土有更高要求，需要不断优化配方以适应机器化施工。实施模块化建造要求模块具备良好的结合能力，对新型建材提出更高挑战。总的来说，需要努力推动建筑业向数字化、自动化方向迈进，提高效率、降低成本。

5. 推进我国机器人向中高端迈进

为实现推动我国机器人产业向中高端迈进的目标，关键在于增强创新力和拓展应用场景。

首先，必须持续加强核心技术研发，解决机器人开发、人机协作等共性技术难题，以推动整个行业突破技术壁垒，实现向中高端的跃升。

其次，应有效拓展应用场景。重点关注建筑行业细分场景，结合工业机器人的自动化经验，推进建筑机器人与人工智能的融合。

复习思考题

1. 与人工作业相比，机器人在施工效率、质量及安全管理等方面有哪些差异？

2. 建筑机器人要如何提高工作安全性？以一类机器人为例说明其安全性方面的改进方法。

3. 你认为目前建筑机器人的应用相对成熟吗？存在哪些挑战？

4. 在广泛应用机器人的情况下，建筑行业的未来可能发生哪些变化？包括技术、经济和社会层面。

第**10**章 建筑机器人发展的对策保障

本章要点及学习目标

1. 熟悉政府、行业、组织层面的政策保障。
2. 了解各种层面的政策保障关键点以及难点。

10.1 政府层面的政策保障

10.1.1 建立从研发到应用全流程的政策支持体系

在我国，现有的政策与监管环境对建筑自动化与机器人的发展具有显著的影响，能够产生巨大的推动作用。在今后的发展中，政府部门可以出台一个长期的建筑机器人发展规划，有步骤地推行建筑机器人的使用。同时，政府需要全流程制定相关政策，促使自动化与机器人技术和建筑行业深度融合，并提供政策支持。然而，由于建筑机器人属于特种机器人，仅限应用于建设领域，不同于工业机器人可在制造业扩展至其他领域。因此，建议政府给予适当的财政优惠政策，例如根据发展需要提供相应的补贴、税收减免或者进行财政投资等。

10.1.2 完善规范和标准体系

建筑自动化与机器人技术潜力巨大，有望为建筑行业带来新工艺、新模式，深刻改变产品研发、测试、应用和建造方式。为适应这一变革，建立规范和标准至关重要。例如，一些企业自主研发新设备，但因缺乏相关标准检验，难以实现产品化生产和推广。因此，政府应主导建设标准体系，覆盖具体产品、技术，以及相关的施工管理和验收过程。同时，为新型设备建立审批许可制度，降低市场推广中的制度障碍，促进市场化应用。随着建筑自动化与机器人设备的发展，原有的质量安全标准和规范也需及时更新和完善，确保技术引入能够维持或提升建造质量。这一系列措施有助于推动行业朝着更先进、高效、质量可控的方向发展。

10.1.3 推动产品试用和市场化推广

建筑自动化与机器人领域的研究成果要实现应用落地，需要克服两大难关：从实验室原型系统走向工程试用，以及从工程试用走向实际项目应用。政府可通过在公共项目或试点项目中应用和示范，为建筑自动化与机器人的试用提供必要的条件。同时，政府可与行业权威机构、产品研发与制造企业合作，共同推广现有产品和技术，拓宽市场化渠道。这一系列协同措施有望加速先进技术在实际建筑项目中的推广应用，推动行业向更智能、高效的方向发展。

10.2 行业层面的政策保障

10.2.1 建立完善的信息共享服务体系

建筑机器人产品研发方面面临难以把握用户需求的关键挑战，主要源于难以获取用户数据。为解决这一问题，建议由行业协会牵头，在政府支持下充分利用互联网及各大信息平台，搜集整理相关企业、产品和项目的详尽资料，建立统一的开发数据库，为相关参与方提供获取数据的渠道。通过在数据分析基础上对市场的供需和发展情况进行深入分析，有助于更好地把握用户需求。此外，人口老龄化和建筑行业青壮年劳动力短缺问题是推动建筑自动化与机器人技术发展的重要动力。通过数据整合，对劳动力变化情况进行预测，让相关参与方了解劳动力的现状和发展趋势，为可能的"用工荒"问题未雨绸缪，提前做好技术储备。这些措施旨在更好地应对市场变化，确保建筑机器人技术能够更好地满足用户需求。

10.2.2 提高建筑机器人科技水平

虽然新时期建筑机器人的技术研发和预期存在一定差距，但是我国对建筑机器人的使用需求较为迫切，且前景较为广阔。因此，要加强对建筑机器人科技水平的重视，优化机器人使用方案，确保其在实际应用中的使用效果符合预期。要丰富建筑机器人的功能，在原有功能基础上不断改进和优化，使其更加满足实际的工作需求。例如，要创新传感器和智能控制模块，融入新型智能化控制技术，灵活应对复杂生产环节产生的影响，需要配合人工智能技术，使建筑机器人能够具备较强的深度学习功能。通过预防和自动化检查，推动智能化发展，保证建筑机器人的使用效果。

技术人员可以融入 5G 技术，加快信息传递速度，一方面提高现场控制效果，另一方面有助于应对存在的各项突发情况。利用 5G 技术的过程中需要无线传输技术的支持，同时需要实施同步操作，使各项施工任务执行变得顺畅。要想实现建筑机器人的超远程控制，将其灵活应用于建筑工程的高空作业，需通过先进的控制技术，在毫秒内完成建筑机器人的启动和停止等操作。在提高技术水平的过程中，相关技术部门需要深入分析国外先进技术，再根据我国实际情况进行改进和提升。

10.2.3 建立技术与产品的交流和展示平台

目前，技术与产品提供者和应用者之间存在信息不对称的问题，缺乏有效的沟通交流渠道。为解决这一问题，建议由行业内权威的协会、领军企业等主导，创建交流与展示平台，如组织建筑自动化与机器人产品展览会、设立建筑行业技术创新奖项、制定先进企业与产品名录等。这不仅为产品提供了宣传途径，同时还能在行业内营造创新氛围和新技术应用的环境，对研发与应用企业也是一种激励机制。此外，当前国内外建筑自动化与机器人领域的学术期刊和学术会议相对较少，建议相关学会和组织主导创立新的期刊和会议，或在现有相关平台上设立相应板块，以促进该领域的学术交流和进一步发展。这些举措旨在加强行业内的合作与交流，推动建筑自动化与机器人技术的创新和应用。

10.2.4　推动建筑工人技能提升

在当前阶段乃至今后的很长一段时间内，建筑机器人不能在完全无人控制和操作的情况下进行全自动工作。建筑机器人在使用过程中存在的矛盾较为突出，因此可以通过人工操作提供良好的辅助作用，同时着重把握核心技术方案，全面提高建筑机器人的使用效果。为提升工人技能，不仅需培训其具体操作机器人和自动化设备的技能，更重要的是培养高水平技工，具备开放思维、丰富知识、优秀学习和管理能力。已有企业开始自主培训建筑工人操作自动化与机器人，但行业技术水平参差不齐。为推动整体发展，建议行业协会与政府、研究机构合作，制定工人技能提升计划、开设培训课程，全面提升工人技能水平，促进建筑自动化与机器人产品的广泛应用和推广。

10.3　组织层面的对策保障

10.3.1　建立交叉学科人才培养机制

建筑机器人作为一个跨学科的领域，合作是推动其发展的关键。然而，"缺乏技术人才"一直是许多施工企业应用建筑机器人技术时面临的重要障碍。为了解决这一问题，高校应该重视跨学科的学科交流，建立更多的课程合作、院系协同的制度和渠道。尤其是在土木、机械等传统工程学科与计算机、机器人等迅速发展的信息技术类学科之间加强融合。这不仅有助于建筑自动化与机器人领域的研究与发展，也对其他交叉领域的人才培养具有深远的意义。在高校层面，为了促进跨学科交流，可以设立更多的联合研究项目、双学位计划，以及组织专业领域的研讨会和交流活动。这有助于打破学科壁垒，培养学生具备多领域知识的能力。对企业而言，需要加强对跨学科技术人才的培养和储备。这包括与高校合作，提供实习和项目合作的机会，吸引学生投身于建筑机器人领域的研究。同时，企业可以制订专门的培训计划，培养现有员工的跨学科能力，以适应建筑机器人技术的不断发展。这种跨学科人才的培养与储备不仅有助于建筑机器人技术在实际应用中的推广，也为其他领域的技术交叉提供了有益的经验。通过高校与企业之间的密切合作，建筑机器人领域将迎来更多优秀的跨学科人才，推动整个行业向前发展。

10.3.2　促进多种创新技术集成应用

在建筑行业转型升级的过程中，除了建筑自动化与机器人技术，还需要依靠其他创新技术的发展，包括各类新型信息技术、建造模式等，例如：BIM、3D打印、计算机视觉、人工智能等支撑技术，以及施工领域的预制生产与装配技术等。这些技术都处在快速发展阶段，并将在今后的工程实践中和自动化与机器人技术共同动态发展。因此，在进行自动化与机器人技术研究的同时，应高度关注该技术与其他创新之间的技术互动，促进多技术集成应用，从而带动整个行业的转型升级。

10.3.3　加强产学研合作

由于建筑机器人领域牵涉多专业、多技术、多参与方，独立研发所需资源更为庞大，难度更高，而且其发展方向严重依赖场景应用。中国建筑业基础雄厚，市场应用前景广阔，为充分利用这一优势，应加强产学研合作。建筑机器人产业从最初的企业集聚、行业集聚正转向多要素资源融合，随着全球化分工的推进，机器人产业也已经进入深度调整阶段。在机器人产业的供应链、产品链到价值链上，国际合作需要全面强化，完成产业链协同创新。建筑机器人厂商应与上中下游制造厂商深度融合，实现信息互通和资源共享，同时分担建筑机器人的潜在风险和成本。这样的合作模式有助于实现长期持续的研发、迭代和应用推广。

10.3.4　加强适应新技术的建筑工人队伍建设

建筑工人的技能提升是建筑自动化与机器人产品应用推广的必然要求。对于在建筑自动化与机器人方面具备一定技术储备的施工企业而言，可以建立自己的建筑工人队伍，并根据本企业的需求进行针对性培训，提高工人对新技术的适应能力，促进新技术和新设备的快速、高效应用。此外，还可以加强对在岗人员的就业培训，提升其对智能化工作环境的适应能力。在这方面，可借鉴国外先进经验，由政府设立专门的智能化领域的工人培训项目，引导企业在引进建筑机器人的同时，也能够通过提升人力资本来减少劳动力失业。

📑 复习思考题

1. 政府层面想要推进建筑机器人发展需要克服哪些困难？
2. 怎样才能培养交叉学科人才促进建筑机器人发展？

参考文献

[1] Craig J J. 机器人学导论 [M]. 北京：机械工业出版社，2006.

[2] 陈恳. 机器人技术与应用 [M]. 北京：清华大学出版社，2006.

[3] 蔡自兴，谢斌. 机器人学 [M]. 3版. 北京：清华大学出版社，2015.

[4] Bock T, Linner T. Site Automation [M]. New York：Cambridge University Press，2016.

[5] 刘杰. 工业机器人应用技术基础 [M]. 武汉：华中科技大学出版社，2019.

[6] 战强. 机器人学 [M]. 北京：清华大学出版社，2019.

[7] Malkwitz A, Spengler A J, Bruckmann T. Investigation of Robot Systems in Masonry Construction [J]. Bautechnik，2019，96（5）：375-379.

[8] 林治阳. 建筑机器人在我国建筑业企业中的应用障碍及对策研究 [D]. 重庆：重庆大学，2018.

[9] 蔡诗瑶. 高层建筑自动化与机器人优先发展方向与保障对策研究 [D]. 北京：清华大学出版社，2021.

[10] 马塔伊•米赫尔，等. 机器人系统 [M]. 北京：机械工业出版社，2022.

[11] 刘英，朱银龙. 机器人技术基础 [M]. 北京：机械工业出版社，2022.

[12] 舍方. 建筑机器人或迎来新时代 [N]. 建筑时报，2015-05-25.

[13] 曾思媛. 建筑工业4.0时代背景下数字建筑的应用与发展趋势 [J]. 住宅与房地产，2021（21）：41-43.

[14] 林雨田. 模块化建筑机器人体系设计与BIM驱动方法研究 [D]. 广州：广东工业大学，2022.

[15] 王德兵. PUMA560机械臂的运动轨迹研究与仿真 [D]. 淮南：安徽理工大学，2008.

[16] 徐鲁旭. 基于ARM＋DSP的机器人控制系统设计 [D]. 北京：北京邮电大学，2010.

[17] 李林青. 自行走龙门式建筑机器人虚拟样机建模及运动学动力学分析 [D]. 天津：河北工业大学，2011.

[18] 杨冬. 幕墙安装建筑机器人系统关键技术研究 [D]. 天津：河北工业大学，2013.

[19] 刘强. 悬吊式高层建筑外墙粉刷机设计与研究 [D]. 哈尔滨：哈尔滨理工大学，2015.

[20] 任远谋. BIM在我国建筑行业应用影响因素研究 [D]. 重庆：重庆大学，2016.

[21] 王涛. 建筑施工企业BIM技术实施的关键成功因素研究 [D]. 重庆：重庆大学，2016.

[22] 卢岳，桂源. 打造碧桂园"新名片"建筑机器人为智能建造与新型建筑提速赋能 [N]. 消费日报，2023-03-16（B04）.

[23] 刘海波，武学民. 国外建筑业的机器人化——国外建筑机器人发展概述 [J]. 机器人，1994（2）：2-7.

[24] 王梦菊，胡晓旭. 基于组合数据挖掘技术的信用评估模型研究 [J]. 经济研究导刊，2012（23）：3-8.

[25] 张连营，李彦伟，高源. BIM技术的应用障碍及对策分析 [J]. 土木工程与管理学报，

2013 (3): 30-35.

[26] 李忠富,刘世青.我国建筑业劳动力短缺问题现状及其影响分析 [J].建筑经济,2015 (2): 1-5.

[27] 于军琪,曹建福,雷小康.建筑机器人研究现状与展望 [J].自动化博览,2016 (8): 1-5.

[28] 张孝孝,魏明瑞,屈喻.石化企业自动化控制仪表设备故障分析 [J].化工管理,2017 (18): 1-5.

[29] 海晏,张维贵,刘静,等.高层建筑施工机器人的发展与展望 [J].施工技术,2017 (8): 1-5.

[30] 李朋昊,李朱锋,益田正,等.建筑机器人应用与发展 [J].机械设计与研究,2018 (12): 1-5.

[31] 韩靓.智能制造时代下机器人在建筑行业的应用 [J].建筑经济,2018 (3): 23-27.

[32] 齐海强,张晋塬,王兴.火车车辆轮轴智能运输机器人的设计 [J].内蒙古科技与经济,2022 (19): 1-5.

[33] 李小明,徐玉梅,麦家豪.基于 ROS 的室外巡检机器人系统设计与实现 [J].电脑编程技巧与维护,2022 (3): 1-5.

[34] 孙月,吴仕超,刘景泰.面向共融机器人的交互意图理解与机器人主动舒适交互 [J].人工智能,2022 (3): 113-122.

[35] 金绍晨.车路协同技术在城市交通中的应用研究 [J].城市道桥与防洪,2022 (7): 1-5.

[36] 陈翀,李星,邱志强,等.建筑施工机器人研究进展 [J].建筑科学与工程学报,2022 (4): 58-70.

[37] 段瀚,张峰,陈高虹,等.建筑机器人驱动下的智能建造实践与发展 [J].建筑经济,2022 (11): 5-12.

[38] 段来明,闫晓东,刘永刚,等.某产品自动化装配线技术集成与工艺技术研究 [J].新技术新工艺,2022 (12): 22-27.

[39] 袁烽,陆明,朱蔚然.走向共享协同的建筑机器人建造平台——Furobot 数字建造软件研发 [J].当代建筑,2022 (6): 24-28.

[40] 詹达夫,郑智珂,施雨恬,等.建筑机器人技术应用及发展综述 [J].建筑施工,2022 (10): 2474-2477.

[41] 彭淑素.智能制造时代自动化技术在工业机器人中的应用研究 [J].科技资讯,2022 (18): 60-62.

[42] 张世玉,陈东生,宋颖慧.基于自抗干扰的装配机器人阻抗控制技术 [J].浙江大学学报(工学版),2022 (9): 1876-1881.

[43] 母栒菲.基于 BIM+AK 的建筑机器人交互研究 [J].自动化与仪器仪表,2022 (7): 270-275.

[44] 高波,李世超,张亚洲.液压传动风力发电系统设计及仿真 [J].机床与液压,2023 (4): 1-4.

[45] 高旭超.基于人工智能及联邦学习的工程大脑技术研究 [J].铁道建筑技术,2023 (3): 1-4, 13.

[46] 李建明，陆文胜，徐德意. 预制构件生产线和建筑机器人应用研究现状 [J]. 建筑施工，2023，45 (1)：168-172.

[47] 段瀚. 基于建筑机器人发展的人机合作关系与生产要素优化 [J]. 绿色建造与智能建筑，2023 (7)：15-20.

[48] 段瀚，陈琳欣，郭红领. 人机合作背景下建筑机器人的施工策略研究 [J]. 施工技术（中英文），2023 (14)：53-59.

[49] 刘政鑫. 博智林：建筑机器人解决智能建造核心难题 [J]. 机器人产业，2023 (2)：55-57.

[50] 徐伟，燕飞. 施工环节建筑机器人技术推广应用研究——以测量建筑机器人为例 [J]. 内蒙古科技与经济，2023 (9)：91-97.

[51] 蔡娜，刘磊. 轮式机器人双环轨迹物联网安全传感控制技术 [J]. 电子设计工程，2023 (18)：51-54.

[52] 陈柏，叶可，吴洪涛. "机器人＋"背景下工业机器人技术创新发展方向 [J]. 机械制造与自动化，2023，52 (2)：1-3.

[53] 李佳轩，田溢汕，余洁，等. 超冗余机器人控制技术发展现状与展望 [J]. 机电工程技术，2023，52 (2)：1-5.

[54] Furuya N, Shiokawa T, Hamada K, et al. Present circumstances of an automated construction system for high-rise reinforced concrete buildings [C]. Taipei：Proceedings of the 17th International Symposium on Automation and Robotics in Construction，2000：953-958.

[55] Jung K, Kim D, Bae K, et al. Developement of the gripping control algorithm for wire suspended object in steel construction [C]. Kochi：Proceedings of the 24th International Symposium on Automation and Robotics in Construction，2007：151-155.

[56] An S H, Jee S W, Choi J I, et al. Evaluating work space environment in a construction factory for automated construction [C]. Proceedings of International Conference on Control，Automation and Systems 2007. Seoul，2007：1942-1945.

[57] Jung K, Kim D, Bae K, et al. Pre-acting manipulator for shock isolation in steel construction [C]. Proceedings of International Conference on Control，Automation and Systems 2007. Seoul，2007：1203-1208.

[58] Bae K, Chu B, Jung K, et al. An end-effector design for H-beam alignment in high-rise building construction [C]. Proceedings of the 2008 International Conference on Smart Manufacturing Application. Gyeonggi-do，2008：465-469.

[59] Chu B, Jung K, Chu Y, et al. Robotic automation system for steel beam assembly in building construction [C]. Proceedings of the 4th International Conference on Autonomous Robots and Agents. Wellington，2009：38-43.

[60] So A T P, Lo T Y, Chan W L. An autonomous robotic cladding inspector for high-rise buildings in Hong Kong [J]. HKIE Transactions Hong Kong Institution of Engineers，1996，3 (2)：37-45.

[61] Pritschow G, Dalacker M, Kurz J, et al. Technological aspects in the development of a mobile bricklaying robot [J]. Automation in Construction，1996，5 (1)：3-13.

[62] Stentz A, Bares J, Singh S, et al. A robotic excavator for autonomous truck loading [J]. Autonomous Robots, 1999, 7 (2): 175-186.

[63] Gambao E, Balaguer C, Gebhart F. Robot assembly system for computer-integrated construction [J]. Automation in Construction, 2000, 9 (5-6): 479-487.

[64] Choi H S, Han C S, Lee K Y, et al. Development of hybrid robot for construction works with pneumatic actuator [J]. Automation in Construction, 2005, 14 (4): 452-459.

[65] Joo H, Son C, Kim K, et al. A Study on the advantages on high-rise building construction which the application of construction robots take [C]. Proceedings of the International Conference on Control, Automation and Systems, 2007.

[66] Lee S Y, Lee K Y, Lee S H, et al. Human-robot cooperation control for installing heavy construction materials [J]. Autonomous Robots, 2007, 22 (3): 305-319.

[67] Oh J K, Jang G, Oh S, et al. Bridge inspection robot system with machine vision [J]. Automation in Construction, 2009, 18 (7): 929-941.

[68] Mueller R, Schuler J, Nick A, et al. Lightweight bulldozer attachment for construction and excavation on the lunar surface [C]. AIAA SPACE 2009 Conference & Exposition, 2009: 6466.

[69] Yoo W S, Lee H J, Kim D I, et al. Genetic algorithm-based steel erection planning model for a construction automation system [J]. Automation in Construction, 2012, 24: 30-39.

[70] Chotiprayanakul P, Liu D K, Dissanayake G. Human-robot-environment interaction interface for robotic grit-blasting of complex steel bridges [J]. Automation in Construction, 2012, 27: 11-23.

[71] Jung K, Chu B, Hong D. Robot-based construction automation: an application to steel beam assembly (part II) [J]. Automation in Construction, 2013, 32: 62-79.

[72] Chu B, Jung K, Lim M T, et al. Robot-based construction automation: an application to steel beam assembly (Part I) [J]. Automation in Construction, 2013, 32: 46-61.

[73] Jung K, Chu B, Park S, et al. An implementation of a teleoperation system for robotic beam assembly in construction [J]. International Journal of Precision Engineering and Manufacturing, 2013, 14 (3): 351-358.

[74] Mo Y H, Kang T K, Zhang H Z, et al. Development of 3D camera-based robust bolt-hole detection system for bolting cabin [J]. Automation in Construction, 2014, 44: 1-11.

[75] World Economic Forum. Shaping the future of construction: a breakthrough in mind set and technology [R]. Geneva: World Economic Forum, 2016.

[76] Park J, Kim K, Cho Y K. Framework of automated construction-safety monitoring using cloud-enabled BIM and BLE mobile tracking sensors [J]. Journal of Construction Engineering and Management, 2017, 143 (2): 1-12.

[77] Sun D I, Kim S H, Lee Y S, et al. Pose and position estimation of dozer blade in 3D by integration of IMU with two RTK GPSs [C]. Proceedings of the International Symposium on Automation and Robotics in Construction (ISARC), 34 IAARC Publications, 2017: 991-996.

[78] Arulkumaran K, Deisenroth M P, Brundage M, et al. Deep reinforcement learning: a brief survey [J]. IEEE Signal Processing Magazine, 2017, 34: 26-38.

[79] Guo H, Yu Y, Skitmore M. Visualization technology-based construction safety management: review [J]. Automation in Construction, 2017, 73: 135-144.

[80] Bozorgebrahimi E. The evaluation of haulage truck size effects on open pit mining [D]. Vancouver: University of British Columbia, 2004.

[81] Liang C J, Kang S C, Lee M H. RAS: a robotic assembly system for steel structure erection and assembly [J]. International Journal of Intelligent Robotics and Applications, 2017, 1 (4): 459-476.

[82] Salet T A, Ahmed Z Y, Bos F P, et al. Design of a 3D printed concrete bridge by testing [J]. Virtual and Physical Prototyping, 2018, 13 (3): 222-236.

[83] Mechtcherine V, Nerella V N, Will F, et al. Large-scale digital concrete construction-CONPrint3D concept for on-site, monolithic 3D printing [J]. Automation in Construction, 2019, 107: 102933.

[84] Heikkilä R, Makkonen T, Niskanen I, et al. Development of an earthmoving machinery autonomous excavator development platform [C]. Proceedings of the International Symposium on Automation and Robotics in Construction (ISARC), 36 IAARC Publications, 2019: 991-996.

[85] Malkwitz A, Spengler A J, Bruckmann T. Investigation of robot systems in masonry construction [J]. Bautechnik, 2019, 96 (5): 375-379.

[86] Hou L, Tan Y, Luo W, et al. Towards a more extensive application of off-site construction: a technological review [J]. International Journal of Construction Management, 2020, 1-12.

[87] Huang Q, Huang R, Hao W, et al. Adaptive power system emergency control using deep reinforcement learning [J]. IEEE Transactions on Smart Grid, 2020, 11: 1171-1182.

[88] Niskanen I, Immonen M, Makkonen T, et al. 4D modeling of soil surface during excavation using a solid-state 2D profilometer mounted on the arm of an excavator [J]. Automation in Construction, 2020, 112: 103112.

[89] Wagner H J, Alvarez M, Kyjanek O, et al. Flexible and transportable robotic timber construction platform-TIM [J]. Automation in Construction, 2020, 120: 103400.

[90] Quattrini Li A, Penumarthi P K, Banfi J, et al. Multi-robot online sensing strategies for the construction of communication maps [J]. Autonomous Robots, 2020, 44: 299-319.

[91] Cai S, Ma Z, Skibniewski M J, et al. Construction automation and robotics: from one-offs to follow-ups based on practices of Chinese construction companies [J]. Journal of Construction Engineering and Management, 2020, 146 (10): 05020013.

[92] De Soto B G, Skibniewski M J. Future of Robotics and Automation in Construction [M] //Construction 4.0: An Innovation Platform for the Built Environment. Boca Raton: CRC Press, 2020.

[93] Gold B. Rio tinto's autonomous haulage achieves 1 billion tons [J]. Engineering and Mining Journal, 2018, 219: 4-5.

[94] Boon J，Yap H，Pei K，et al. Safety enablers using emerging technologies in construction projects: empirical study in Malaysia [J]. Journal of Engineering Design and Technology，2023，21 (5)：1414-1440.

[95] Liang C J，Wang X，Kamat V R，et al. Human-robot collaboration in construction: classification and research trends [J]. Journal of Construction Engineering and Management，2021，147 (10)：2303121006.

[96] Cai S，Ma Z，Skibniewski M J，et al. Construction automation and robotics for high-rise buildings: development priorities and key challenges [J]. Journal of Construction Engineering and Management，2020，146：04020096.

[97] Heuillet A，Couthouis F，Díaz-Rodríguez N. Explainability in deep reinforcement learning [J]. Knowledge-Based Systems，2021，214：106685.

[98] Liang C，Wang X，Kamat V R，et al. Human—robot collaboration in construction: classification and research trends [J]. Journal of Construction Engineering and Management，2021，147：1-23.

[99] Yuan L，Pan Z，Ding D，et al. Fabrication of metallic parts with overhanging structures using the robotic wire arc additive manufacturing [J]. Journal of Manufacturing Processes，2021，63：24-34.

[100] Nagatani K，Abe M，Osuka K，et al. Innovative technologies for infrastructure construction and maintenance through collaborative robots based on an open design approach [J]. Advanced Robotics，2021，35：715-722.

[101] Asadi K，Haritsa V R，Han K，et al. Automated object manipulation using vision-based mobile robotic system for construction applications [J]. Journal of Computing in Civil Engineering，2021，35：04020058.

[102] Kayhani N，Taghaddos H，Mousaei A，et al. Heavy mobile crane lift path planning in congested modular industrial plants using a robotics approach [J]. Automation in Construction，2021，122：103508.

[103] Kim S，Peavy M，Huang P，et al. Development of BIM-integrated construction robot task planning and simulation system [J]. Automation in Construction，2021，127：103720.

[104] Onososen A，Musonda I. Perceived benefits of automation and artificial intelligence in the AEC sector: an interpretive structural modeling approach [J]. Frontiers in Built Environment，2022，61：864814.

[105] Kim Y，Kim H，Murphy R，et al. Delegation or collaboration: understanding different construction stakeholders perceptions of robotization [J]. Journal of Management Engineering，2022，38：1-12.

[106] Zhang M，Xu R，Wu H T，et al. Human-robot collaboration for on-site construction [J]. Automation in Construction，2023，150：104812.